用 Python

第二版

涵蓋 ITS Python 國際認證模擬試題

學程式設計

運算思維

序

Python 程式語言是在西元 1989 年,由創始人吉多范羅蘇姆(Guido van Rossum)所設計,Python 是一種直譯式的電腦程式語言,近幾年受到廣大程式設計師與教育單位的喜愛,擠身十大程式語言排行榜的第 1 名。Python 除了原本功能就相當完備的標準函式庫,能夠完成相關基礎程式設計需求外,還能夠整合第三方函式庫套件,提升不同類型應用程式的開發效率,其主要特色包括:免費且開源、語法結構簡單易學、移植性較高以及豐富的第三方套件。

本書一共分為 12 章,在章節安排上由淺而深,以循序漸進的方式來介紹 Python 程式語言最核心的知識,是一本相當適合教學或自學的書籍。另外,本書特別規劃第 0 章,幫助讀者瞭解運算思維與電腦解題的概念。

筆者從事資訊教育工作已經多年,在教學的過程中,發現很多學生學習程式設計時,往往失敗在基礎的觀念沒有學好,或是對於程式的運作流程無法掌握,進而發生學習狀況,因此本書規劃了超過百題的實用 Python 程式範例,有效提升學習樂趣並降低學習障礙,讓讀者們可以不斷地實際思考與練習,以「做中學」的方式來學習 Python 程式語言。

本書的程式範例架構明確,將程式範例分為「程式設計目標」、「參考程式碼」和「程式碼解說」等三個部分,希望讀者先從程式設計目標開始瞭解題目要求,自行思考並設計解題策略,如果遇到困難,再參考本書的程式碼,最後,可以從程式碼解說部分得到詳細的說明。

本書特別融入國際知名專業證照認證機構 Certiport 的資訊科技 Python 專家認證(IT Specialist Certification, 簡稱 ITS)考試重點,考試的重點在官方網站有介紹(https://certiport.filecamp.com/s/ITS_OD_303_Python.pdf/fi),讀者只要確實理解本書內容,通過 ITS Python 認證考試,取得國際證照的機會將會大為增加。最後,特別感謝碁峰的伙伴們,對於本書的出版,奉獻無比心力,使得本書更加完善 ^_^

敬祝大家
健康快樂!幸福滿滿!

李啟龍
謹識

目錄

Chapter 0　運算思維與電腦解題

Chapter 1　Python 簡介與開發環境安裝

Chapter 2　變數、資料型態與輸出入

Chapter 3　運算子與運算式

Chapter 4　流程圖與選擇結構

Chapter 5 迴圈

Chapter 6 複合資料型別

Chapter 7 函式

Chapter 8　檔案處理

Chapter 9　網路服務與資料擷取分析

Chapter 10　圖形化使用者介面

Chapter 11　圖表繪製

Chapter 12 圖片處理與執行檔建置

Appendix A Certiport ITS Python 資訊科技專家國際認證模擬試題

▶線上下載說明

本書範例請至 http://books.gotop.com.tw/download/AEL024800 下載。
其內容僅供合法持有本書的讀者使用，未經授權不得抄襲、轉載或任意散佈。

運算思維與電腦解題

　　電腦是人類進行問題解決的好幫手，由於電腦具有運算速度快、容量大、計算精確、可以處理大量資料、重複作業…等特性，相當適合幫助人類來解決各種問題，只要規劃出正確的解題方法，就可以透過電腦的輔助來處理。

　　在我們的日常生活中，處處可見運用電腦來解決實際的生活問題，小至個人的通訊活動或資料處理，大至國家實驗室或企業的儀器設備，都需要使用電腦來達成各項操作。

　　基本上，電腦不像人類會自主思考解決問題，但如果我們能以電腦處理問題的方式，給予電腦正確的指令，那電腦就能按照我們的指示來處理問題。運算思維（Computational Thinking）就是指能構思一個有條理的程序，應用各種運算方法或工具來解決問題的思維能力。

0-1 運算思維

　　運算思維能力是指每個人除了聽、說、讀、寫等基本素養外，亦應具備之基本能力，此能力並非專屬於電腦科學家，而是人人在資訊時代所需要的能力；運算思維就是利用歸納、嵌入、轉換或模擬等方法，將複雜問題轉為我們所熟悉之模式，以利問題的解決。

因此，運算思維具有以下的特性：

- 是種基本的素養，並非死記硬背之技能
- 非指撰寫電腦程式
- 是種人類解決問題之方法或策略
- 結合數學及工程之思維
- 是種概念或構想，並非指相關作品
- 適用於每個人與每個地方，人人都需具備的能力

　　美國的電腦科學教師協會（Computer Science Teacher Association, CSTA）將運算思維定義為電腦可執行之問題解決策略，並包含資料蒐集、資料分析、資料表示、問題分解、抽象化、演算法與程序、自動化、模擬及並行化等概念。所提出之電腦科學核心能力指標中，將運算思維視為貫穿整個課程的重要理念，透過運算思維，以期能培養學生解決問題、設計系統、創造新知識及瞭解現今社會中資訊科技的能力與限制，該協會之網站網址為：https://www.csteachers.org/。

　　Google 於西元 2010 年推出 Exploring Computational Thinking 網站，其網址為：https://edu.google.com/resources/programs/exploring-computational-thinking/，網站上收集了許多的教材與資源，提供世人參考與利用。Google 認為具體的運

算思維技能應包含分解問題、模式識別、模式一般化與抽象化、演算法設計及資料分析與視覺化等。

0-2 電腦解題的特性

電腦解題的特性就是會依我們設計的步驟，循序漸進的執行，每次執行都會獲得一致的結果。由於垂直式思考的邏輯推理結論較具正確性、系統性及普遍性，大都能轉換成可以循序漸進執行的步驟，來解決各項問題。

當我們要解決的問題比較複雜或是龐大時，可以採取循序漸進解決問題的方式，將大問題分成幾個較小的問題，擬定小問題的解決方案，循序漸進的執行解題方案。

在我們的日常生活中，有許多應用循序漸進流程來設計的例子，例如：烹飪食物的食譜就要求使用者，依照一定的步驟來料理食物；進行網路購物時，也需要循序漸進的完成各項購物程序，先選擇商品、填寫資料後完成付款如圖所示；還有使用自動提款機進行交易時，也需要循序輸入密碼、選擇金融交易方式與輸入相關金額。

循序漸進的網路購物流程

循序漸進的流程就是會依循一定次序的執行步驟，逐步完成各個步驟，最後獲得可預期的結果。而我們規劃出的解題步驟，由於過程明確，次序清楚，非常適合運用電腦來解決問題。

0-3 電腦解題之應用

電腦解題應用的領域相當廣泛，只要是電腦所提供的服務，背後都可以觀察到電腦解題的過程。常見的電腦解題在各領域上之應用實例，包括：網路購物系統、電子商務系統、搜尋引擎系統、醫學工程系統、氣象預測系統、校務行政系統、電子地圖應用、各種數學問題解決…等，以下以生活中的電子地圖規劃路線例子，說明隱藏在系統背後的電腦解題應用。

電子地圖之規劃路線功能，就是電腦解題的一個應用，電腦會根據使用者輸入的起點與終點位置，來規劃可行的路線，並且讓使用者還可以選擇交通方式，包括：自行開車、乘坐大眾運輸工具、步行等方式。此處是以總統府為起點，台北 101 大樓為終點，並且選擇自行開車的方式，來測試電子地圖之規劃路線功能，如圖所示。

Google 地圖規劃出來的路線如圖所示，它會在地圖上標示出路線，我們在使用時，可以放大或縮小顯示比例，以方便我們看清楚交通路線。

除了顯示出路線路徑之外，知道路名與路線距離也是非常重要的資訊，Google地圖會把規劃出來的路線，詳細地顯示出這些資訊，包括：會經過哪些路線、每段路線的距離…等，如圖所示。

Google地圖根據使用者的輸入資料，幫使用者規劃建議路線，解決從起點到終點的路線問題，是一個用電腦來解決生活中問題的例子。

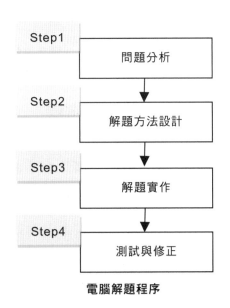

0-4　電腦解題程序

使用電腦來解題，其程序大致可以分為：問題分析、解題方法設計、解題實作、測試與修正等四步驟，電腦解題程序如圖所示。

```
Step1  →  問題分析
            ↓
Step2  →  解題方法設計
            ↓
Step3  →  解題實作
            ↓
Step4  →  測試與修正
```

電腦解題程序

一、問題分析階段

使用電腦來解題之前，需要先對問題進行分析，問題分析是一種思考過程，我們對於要解決的問題，需要從不同的角度來思考問題，確定問題的定義及範疇。在問題分析的過程中，需要先釐清「輸入規範」、「輸出規範」及「輸入與輸出對應關係」等要素。

- 輸入規範（Specifications of Input）：使用者對於輸入的資料之資料型態與範圍，都需要做一些規範，包括：輸入的資料內容、資料格式、資料範圍…等，例如在輸入身高的程式中，就要限制使用者不能輸入負值資料，因為沒有人的身高是負的值。

- 輸出規範（Specifications of Output）：我們對於輸出的資料，也要做一些規範，因為電腦處理後的輸出結果，需要滿足使用者的使用需求，例如在輸出成績的程式中，我們會希望當成績超過 60 分時，程式會出現及格字樣。

- 輸入與輸出對應關係：在問題分析階段，應該釐清輸入與輸出資料之對應關係，也就是要清楚地瞭解使用者需要輸入何種資料，而電腦會輸出何種結果。我們經常使用輸入處理輸出圖（Input Process Output, IPO）來描述輸入與輸出的關係，如圖為華氏溫度轉為攝氏溫度的 IPO 示意圖，華氏溫度為 Input，轉換公式為 Process，攝氏溫度為 Output。

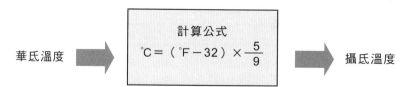

華氏溫度轉為攝氏溫度的 IPO 示意圖

二、解題方法設計階段

完成了問題分析之後，接下來就要進行解題方法設計了，此步驟就是根據問題的需求，詳細思考後寫下解決問題的步驟。在此階段，可以試著多想幾種解題方法來解決問題，試著從多種方法中，找出最好的解題策略。

解題方法的設計基本上有兩種常用的思考策略，說明如下：

- 由上而下法（Top-Down）

由上而下的解題設計方法，會將較大的問題，分解成許多能被處理的小問題，並藉由處理這些小問題的方式，逐步來解決整個問題，也就是先從整個問題的主要功能開始規劃，然後再往下設計每個子問題的解題方法，直到最底層的小問題都解決為止。此處以學校行政系統之設計為例，通常我們會先去思考整個學校的運作需求，然後考量各個單位的工作需求，包括：教務處、學務處、總務處…等處室。

- 由下而上法（Bottom-Up）

由下而上的解題設計方法，和由上而下法剛好相反，會先從小問題的功能開始規劃，然後再往上設計比較大型的功能，最後完成整個問題的解決，也就是由下而上的解題方法，會先從細部功能開始處理，然後依據問題的類別與特性，將相同屬性的解題方法歸納在一起，由下而上，逐級完成整個問題的解決。在我們的日常生活中，也有許多由下而上的例子，最常見的就是比賽的賽程架構，由下而上，依序找出勝利的隊伍，逐級比賽，最後得到最後的總冠軍。

三、解題實作

在完成了解題方法設計之後，接下來我們需要選擇電腦解題程式語言來設計程式，進行解題的實作。

許多軟體都可以用來做電腦解題，就連文書處理軟體中的 Excel 軟體，也可以用來做電腦解題。其實，不管是使用何種程式語言工具來進行電腦解題，其解題的設計方法是相同的，只是使用的程式語言工具有所不同而已。

四、測試與修正階段

電腦解題的最後一個階段，就是測試與修正階段，也就是將所設計之解決問題步驟，完成解題實作之後，使用工具加以進行測試與修正，最後得到正確的解題策略與結果。測試與修正階段是檢查解題方法的最重要過程，主要目的是在於要確定解題方法是否可以真正解決問題。一般在測試時，會將各種情況下的資料都輸入，尤其是一些邊界條件值都要加以測試，例如：極大值、極小值、負值、零值…等，然後不斷的修正和測試，直到找到正確的解決方法。

0-5 運算思維體驗

我們藉由 Blockly Games 網站，來體驗一下運算思維與程式設計的樂趣，其網址為：https://blockly-games.appspot.com/，該網站為跨平台網站，可以使用電腦、智慧型手機或是平板電腦來體驗，它還提供「正體中文」語系喔。

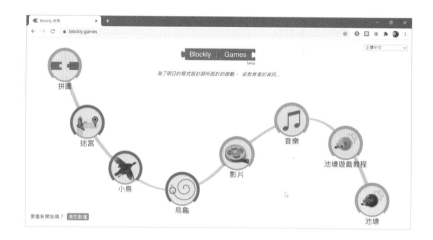

- Puzzle（拼圖）：學習運用簡單的拼圖來認識積木語言（Blocks）的基本結構。

- Maze（迷宮）：學習前進、轉向、廻圈與判斷式。

- Bird（小鳥）：學習角度、座標與不等式邏輯。

- Turtle（烏龜）：學習幾何圖形與顏色應用。

- Movie（影片）：學習數學式、變量、變數等觀念來設計簡易的動畫。

- Music（音樂）：學習音樂樂譜與函式的運用。

- Pond Tutor（池塘遊戲教程）：學習控制小遊戲的角色與目標。

- Pond（池塘）：專題遊戲。

　　每一個關卡都有設計挑戰，讓學習者在挑戰關卡的樂趣中，習得各種運算思維的概念，如圖為 Turtle（烏龜）關卡的介面，提供 Blooks（積木式）與 JavaScript（文字式）兩種模式來體驗運算思維。

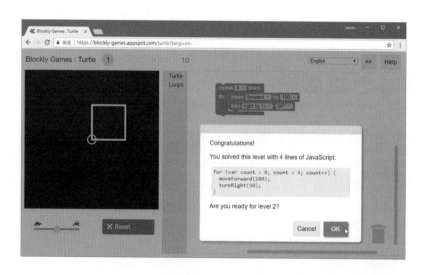

0-6 大學程式設計先修檢測 APCS 介紹

APCS 為 Advanced Placement Computer Science 的英文縮寫，是指「大學程式設計先修檢測」。其檢測模式乃參考美國大學先修課程（Advanced Placement，AP），與各大學合作命題，並確定檢測用題目經過信效度考驗，以確保檢測結果之公信力，其官方網站網址為：https://apcs.csie.ntnu.edu.tw/index.php。

APCS 的檢測採個別線上報名，任何人皆可報名參加，在推廣期間免費。該檢測包含兩科目：「程式設計觀念」及「程式設計實作」，兩科均以中文命題，APCS 檢測每年舉辦三次。

「程式設計觀念」的命題採單選題，以運算思維、問題解決與程式設計觀念測試為主，測試的題型包含：程式碼追蹤 code tracing、程式碼完成 code completion、程式碼除錯 code debugging 等，其命題內容領域包括：程式設計概念 Programming Concepts、資料型態 Data types、常數 constant、全域變數 Global variable、區域變數 Local variable、控制結構 Control structures、迴圈結構 Loop structures、函式 Functions…等，本書的內容含括程式設計觀念的核心概念。

「程式設計實作」的命題以撰寫完整程式或副程式為主，可採用的程式語言包括：Python、C、C++或 Java，原則上每次的程式設計實作考題為 4 題，本書的內容介紹程式設計實作的重要基礎。

APCS 檢測的級分計算方式如表所示，「程式設計觀念」及「程式設計實作」各為「1～5」級分，滿分合計為 10 級分。

級分	程式設計觀念題		程式設計實作題
	分數範圍	分數範圍	分數範圍
5	90 ~ 100	350 ~ 400	具備常見資料結構與基礎演算程序運用能力
4	70 ~ 89	250 ~ 349	具備程式設計與基礎資料結構運用能力
3	50 ~ 69	150 ~ 249	具備基礎程式設計與基礎資料結構運用能力
2	30 ~ 49	50 ~ 149	具備基礎程式設計能力
1	0 ~ 29	0 ~ 49	尚未具備基礎程式設計能力

如果想要瞭解自己的「程式設計觀念」及「程式設計實作」能力，不妨參加具有信效度考驗的 APCS 檢測喔！

Python 簡介與開發環境安裝

1

1-1 程式語言簡介

程式語言的地位，其實就跟中文、英文這些語言一樣，只是使用的對象不同，如果要和電腦溝通，就要使用程式語言，讓電腦幫助我們完成想做的事情。程式語言的種類非常多，基本上可以分為「低階語言」和「高階語言」兩大類，低階語言包括：機器語言、組合語言…等，而高階語言則包括：Python、C/C++、Pascal、Java、Cobol、Perl、Visual Basic…等語言。

低階語言比起高階語言而言，其在電腦中的執行效率較高，而且對於電腦硬體的控制性也較高；不過，其缺點在於低階語言的開發較為困難，語法結構與人類的使用習慣不太相同，較難以開發、閱讀、除錯與維護。高階語言為敘述性的語言，其語法結構與人類的語法使用習慣較為接近，因此較容易開發、閱讀、除錯與維護；但其對於硬體的控制性較差且執行效率也不及於低階語言。

一般來說，不管使用哪一種程式語言來開發程式，在程式撰寫好之後，需轉換成機器所能理解的語言，也就是機器語言（Machine Language），才能執行。這個翻譯成機器語言的工作，我們現在是交給編譯器（Compiler）或直譯器(Interpreter)來完成的。

其實電腦的運算原理，可以想像成是一大堆的開關，就跟開關電燈的開關概念是一樣的，用 1 代表開，用 0 代表關，由 1 和 0 的不同組成順序，代表不同的運算動作。

　　早期的程式語言也是由 1 和 0 組成，也就是所謂的機器語言，機器語言是執行效率最高的語言，但是機器語言實在是太複雜，難於開發、記憶、撰寫、除錯和維護，而各家電腦的機器語言指令又不盡相同，較不具移植性。因此後來出現了組合語言，組合語言將複雜的指令，用英文中的簡單單字加以取代，像是執行加法運算的一大串 01 指令，可直接用 ADD 來表示，組合語言撰寫完之後還要經過翻譯成為機器語言後，才能執行，但是組合語言也面臨與機器語言相似的問題，移植性較差，不同的 CPU 就必須用不同的組譯器（Assembler）組譯；另一方面，雖然寫組合語言不需再記憶複雜的 01 指令，但是寫程式時，還是必須用機器語言提供的指令集（Instruction Set）來規劃程式，這個問題使得大型程式較難以開發。

　　後來出現了編譯語言（Compiling Language），這一類的語言撰寫完之後，會使用編譯器（Compiler）將程式編譯成為機器語言，然後才可以執行。而不同作業系統平台的電腦，只要開發出該語言的編譯器，同一份程式就可以在不同的平台上執行，C 語言就屬於編譯語言的一種。

　　此外，還有一種程式語言稱為直譯語言（Interpreting Language），Python 語言就是屬於直譯語言。直譯語言有一個直譯器（Interpreter），直譯語言的特色是程式不需在執行前，先編譯成機器語言，而是在執行時直接一行一行翻譯命令，雖然省去編譯的步驟，但是執行時的速度會比用編譯語言開發的程式慢了一些。

　　總而言之，不管使用哪一種程式語言來開發程式，在程式撰寫好之後，需轉換成機器所能理解的語言，也就是機器語言才能執行。這個翻譯成機器語言的工作，就是由語言翻譯程式來進行，而語言翻譯程式包括：組譯器（Assembler）、編譯器（Compiler）或直譯器（Interpreter），其示意圖如下所示。

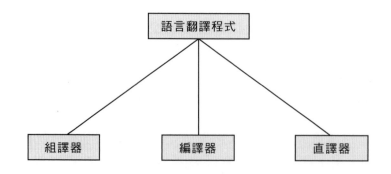

1-2 Python 的源起及特性

Python 語言是在西元 1989 年，由創始人吉多范羅蘇姆（Guido van Rossum）所設計，Python 是一種直譯式的電腦程式語言，具有物件導向的特性，除了原本功能就相當完備的標準函式庫，能夠完成相關基礎程式設計需求外，還能夠整合第三方函式庫套件，提升不同類型應用程式的開發效率，例如：臉部辨識應用、資料庫應用、網頁資料擷取與分析應用…等。

Python 程式語言受到許多程式設計師的喜愛，其具有下列特色：

- 免費且開源：Python 是免費且開放原始碼的程式語言，使用者可以自由地運用或修改其原始碼。

- 簡單易學：Python 的語法簡單易學，其語法結構與英文相近，初學者的進入門檻相較 C/C++語言為低。

- 移植性較高：使用 Python 語言撰寫的程式，很容易移植到不同的作業系統平台上，具有高可攜性（Portability）。也就是說，Python 語言的可攜性高，在某一個作業系統下開發的程式，可以在少量修改或完全不修改的情況下，順利地移植到另一個作業系統裡執行。

- 豐富的第三方套件：Python 語言能使用許多第三方所開發的函式庫套件，讓 Python 語言更加強大，讓程式設計師能更加專注於問題的解決。

TIPs 對程式初學者的建議

學習程式語言很辛苦，如果能釐清個人學習程設的目的，將更有利於提升學習成效，以下的建議提供程式語言初學者參考。

- **立定學習的志向**：學習程設不是一件容易的事情，但只要有心一定做得到！只要透過好的學習步驟，訓練邏輯思考，一步一腳印，終究還是可以學好程式設計的。給自己一些學習的目標，朝著目標前進吧！

- **一切從基礎開始**：學習最忌好高騖遠，我們學習程式設計應該從基礎開始，從最基本的資料型態與輸出入語法學起，然後再學流程控制和資料結構，慢慢地循序漸進打下基礎。

- **仿效是好的開始**：在我們學習程設之前，已有許多前輩開發出令人嘆為觀止的絕世好程式，好好地學習這些經典範例，建立問題解決的能力。筆者在此強調，是仿效而非 Copy，應該是看懂程式的設計邏輯之後，再靠自己的大腦和手指，來完成程式的設計。

- **歡喜迎接收穫**：凡走過必留下痕跡，凡努力過才有機會獲取收穫，否則就是不勞而獲，如果是不勞而獲將無法長期享受成果。當我們學會程式設計之後，可以製作資訊專題參加比賽或寫程式改善生活上的問題，比方說可以寫出選課程式或是進銷存資料庫系統，看看自己的程設能力到底到達哪一個程度。

學習程式設計需要花費大量的時間和精力，但是只要真正付出心力，其果實也將會是非常甜美的。所謂一法通萬法通，把 Python 語言學好，以後要再學其他程式語言，將會事半功倍，更加容易。

1-3 官方版 Python 開發環境

1-3-1 官方版 Python 的下載與安裝

網路上有許多 Python 的開發環境，此處介紹從官網下載與安裝 Python 的方式，Python 的官方網址為：https://www.python.org/，我們使用瀏覽器即可連到官方網站。

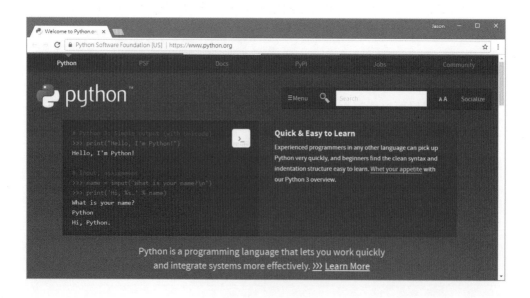

在網頁中，可以找到下載（Download）的連結，通常我們會選擇目前最新的版本，此處是選擇 3.9.1 版，其版本會隨著軟體發展而更新。

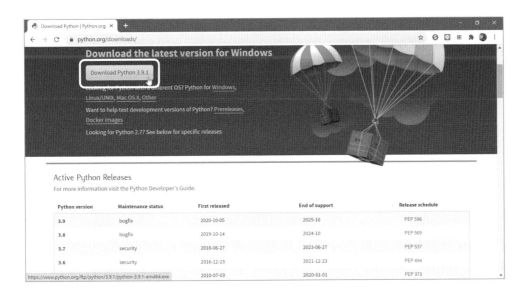

由於 Python 是跨平台的程式語言，因此我們可以在下載網頁上，看到不同作業系統的下載點，請讀者依照自己的作業系統下載安裝檔。

點選執行下載的 Python 安裝檔，出現程式的安裝畫面，此處建議勾選「Add Python 3.9 to PATH」項目，將 Python 的指令加到系統變數 PATH，以利於在命令提示字元中「Python.exe」指令可以被執行。接著按下「Install Now」安裝 Python，安裝過程中會一併安裝官方版的 IDLE 程式開發環境。

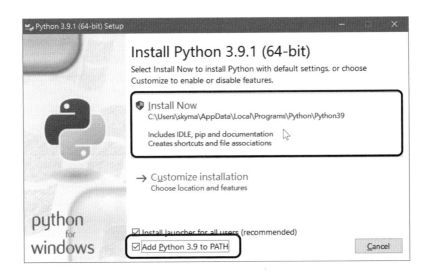

Python 的安裝過程如圖所示。

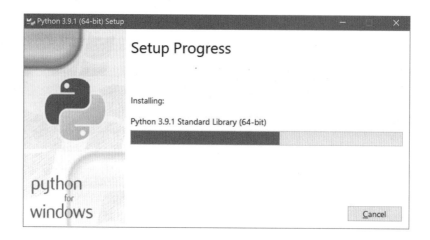

Python 安裝程式建議允許路徑長度超過 260 個字元的限制,按下「Disable path length limit」項目後,按下「Close」按鈕以完成程式的安裝。

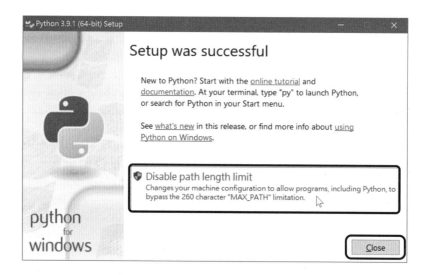

1-3-2 官方版 Python 開發環境的編輯與測試

完成 Python 開發環境的安裝之後,我們馬上來測試開發環境是否能正確執行 Python 程式。選取執行開始功能表裡的「 Python 3.9/Python 3.9(64-bit)」項目。

接著出現 Python 的執行畫面，在「>>>」符號的旁邊，就是我們可以輸入
Python 指令的地方。

接著我們輸入「print ('Hello Python')」指令，讓 Python 在視窗裡印出「Hello
Python」，以測試我們的 Python 開發環境是否安裝成功。輸入完畢後，按下鍵
盤的「Enter」鍵，Python 成功地印出剛剛在單引號內的字串文字。

1-3-3　官方版 IDLE 開發環境的編輯與測試

Python 內建 IDLE 編輯器，選取執行開始功能
表裡的「Python 3.9/IDLE (Python 3.9 64-bit)」項
目，可以打開 IDLE 編輯器。

IDLE 編輯器畫面如下，我們可以輸入「print ('Hello Python')」指令，讓
Python 在 IDLE 編輯視窗裡印出「Hello Python」，以測試我們的 Python 開發
環境是否安裝成功。

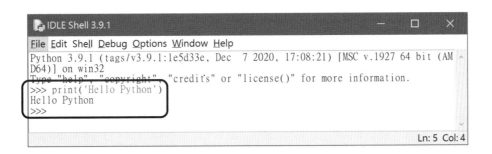

在 IDLE 編輯環境，程式開發者可以建立新檔案或開啟 Python 檔案，接下來我們練習來建立一個新的 Python 檔案。

Step1 選取執行功能列上的「File/New File」選項，試著建立新的 Python 檔案。

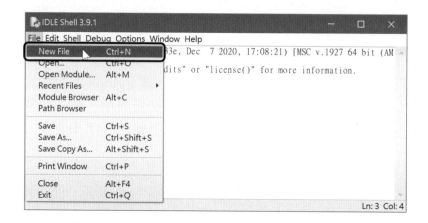

Step2 在程式碼編輯視窗，輸入「print ('Hello Python')」指令。

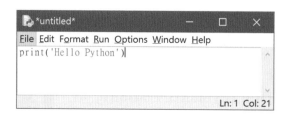

Step3 完成程式碼輸入後，選取執行功能列上的「File/Save As…」選項，將剛剛輸入的程式碼存檔。

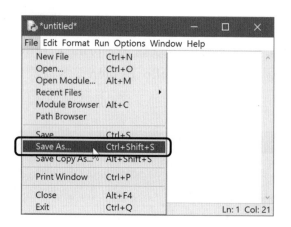

Step4 接著選擇要存檔的資料夾以及設定檔名，此例設定的資料夾為「D:\Examples\Ch1」，檔名為「1-3-3」，存檔類型選擇「Python files」，確定後按下「存檔」按鈕。

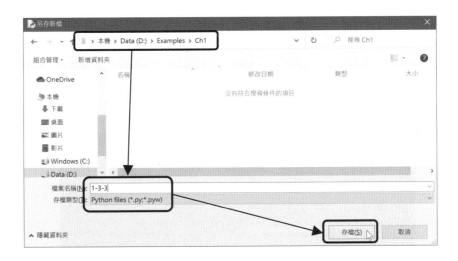

Step5 Python 檔的副檔名為「.py」，存檔後可以發現編輯視窗上出現了剛剛設定的資料夾路徑與檔名。

Step6 選取執行功能列上的「Run/Run Module」選項，執行剛剛輸入的 Python 程式。

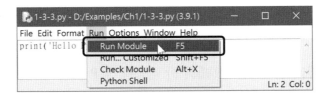

Step7 程式的執行結果如下，輸出「Hello Python」字串。

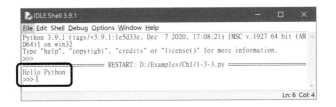

> **TIPs** 在命令提示字元視窗內執行 Python 程式
>
> 在命令提示字元視窗中,我們可以切換到 Python 程式檔所在的資料夾,輸入指令也可以執行 Python 程式。以剛剛的「D:\Examples\Ch1」資料夾,程式檔名「1-3-3.py」為例,首先使用「d:」指令切換到 D 磁碟機,接著使用「cd」指令來變換資料夾,切換到「D:\Examples\Ch1」資料夾後,在命令列輸入「python 1-3-3.py」指令,即可執行 Python 程式,輸出「Hello Python」字串,其執行過程如下圖所示。

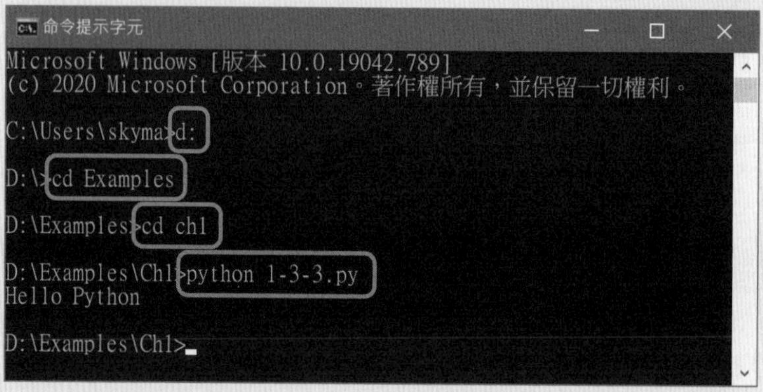

```
命令提示字元                                             —  □  ×
Microsoft Windows [版本 10.0.19042.789]
(c) 2020 Microsoft Corporation。著作權所有,並保留一切權利。

C:\Users\skyma>d:

D:\>cd Examples

D:\Examples>cd ch1

D:\Examples\Ch1>python 1-3-3.py
Hello Python

D:\Examples\Ch1>
```

1-4 建議使用 Anaconda 軟體開發

1-4-1 Anaconda 軟體的下載與安裝

Anaconda 軟體擁有許多特點,本書建議使用者選擇 Anaconda 做為 Python 的開發環境。因為 Python 有許多套件可以額外安裝,但要把相關套件都裝好,可能需要幾十次的安裝指令,而且還不一定可以成功,安裝 Anaconda 軟體就可以一次安裝好,另外還可以再擴充其他套件。

Anaconda 軟體內建科學、數據分析、工程等 Python 套件,支援各種作業系統平台,完全免費與開源,安裝時會一併安裝 Spyder 編譯器與 Jupyter Notebook 環境。

安裝 Anaconda 的步驟為在瀏覽器輸入 Anaconda 官網,其網址為:https://www.continuum.io/,按下「Products」按鈕,可以下載多種版本的 Anaconda,此處選擇「Individual Edition」個人版來下載。

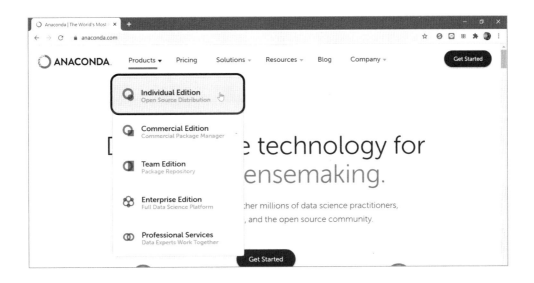

在下載頁面，讀者可以依據自己的作業系統環境選擇下載版本，確定後按下該連結，即可下載安裝檔，下載的版本會隨軟體更新而有所不同。

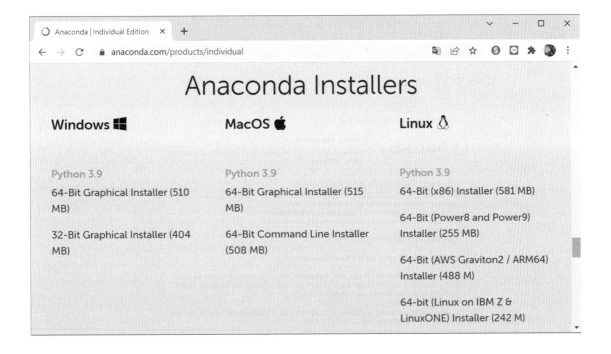

此處以 Windows 作業系統為例，安裝過程如下所示：

Step1 執行下載的安裝檔，出現安裝視窗，按下「Next」按鈕以進行
Anaconda 軟體安裝。

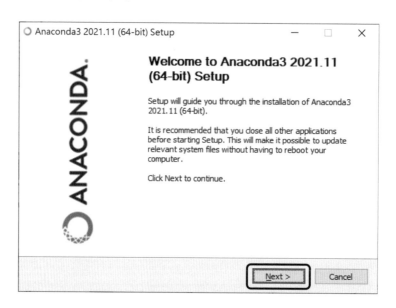

Step2 檢視軟體授權合約，確定接受後按下「I Agree」按鈕以進行下一個
安裝步驟。

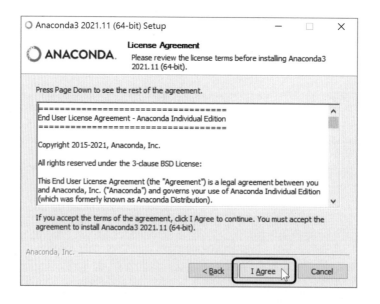

Step3 設定可以使用 Anaconda 軟體的使用者，確定後按下「Next」按鈕以進行下一個安裝步驟。

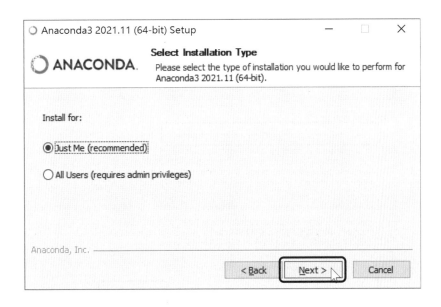

Step4 選擇安裝的資料夾路徑，選擇後按下「Next」按鈕以進行下一個安裝步驟。

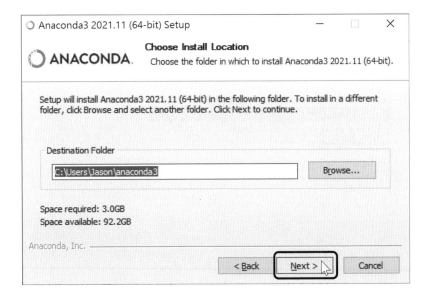

Step5 本書建議勾選「Add Anaconda to my PATH environment variable」
與「Register Anaconda as my default Python 3.9」選項，然後按下
「Install」按鈕。

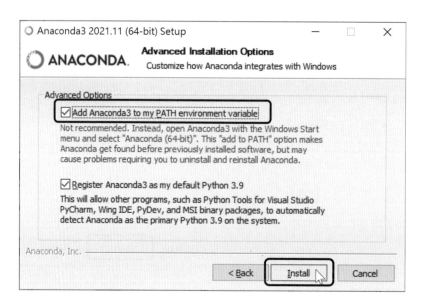

Step6 安裝進行中畫面。

Step7　安裝完成，接著按下「Next」按鈕。

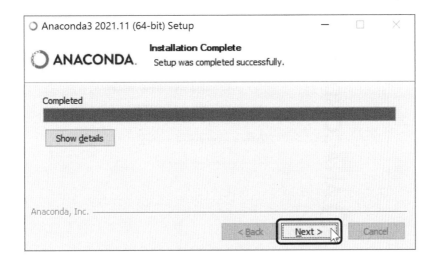

Step8　安裝 PyCharm Pro，提供程式開發者開發 Python 程式的輔助，接著按下「Next」按鈕。

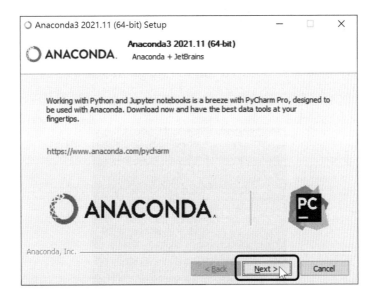

Step9 按下「Finish」按鈕以完成所有安裝。

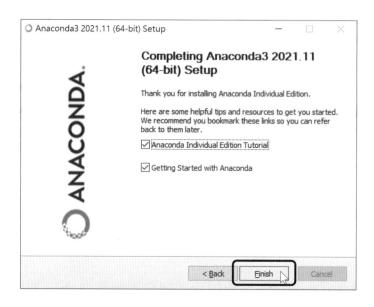

1-4-2 Spyder 編輯器的編輯與測試

Anaconda 軟體提供了 Spyder 編輯器以進行 Python 程式的開發，選取執行開始工能表的「Anaconda3 (64-bit) /Spyder (anaconda3)」選項，可以開啟 Spyder 編輯器。

Spyder 編輯器大致可以分為「功能區」、「程式編輯區」、「物件、變數與檔案瀏覽區」與「命令視窗區」等區塊，我們試著在「程式編輯區」輸入程式碼吧。

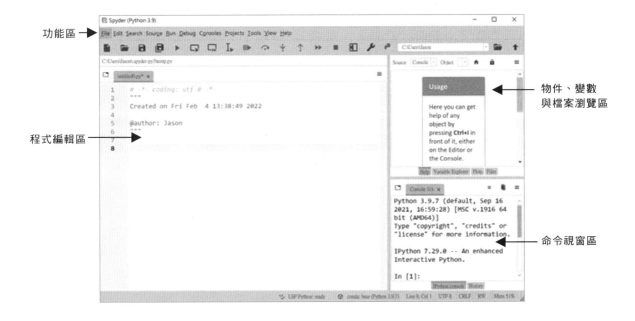

接著，我們練習在 Spyder 編輯器內建立一個新的 Python 檔案。

Step1 在程式碼編輯區輸入「print ('Hello Python')」指令，也就是程式碼的第 8 行，希望讓 Python 在 Spyder 命令視窗區印出「Hello Python」字串。

Step2 Spyder 編輯器預設的檔名為「untitled0.py」，選取執行功能列的「File/Save as…」選項來另存檔案。

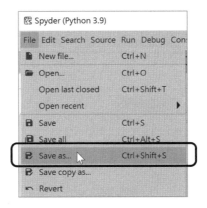

Step3 接著選擇要存檔的資料夾以及設定檔名，此例設定的資料夾為「D:\Examples\Ch1」，檔名為「1-4-2」，存檔類型選擇「Supported text files」，確定後按下「存檔」按鈕。

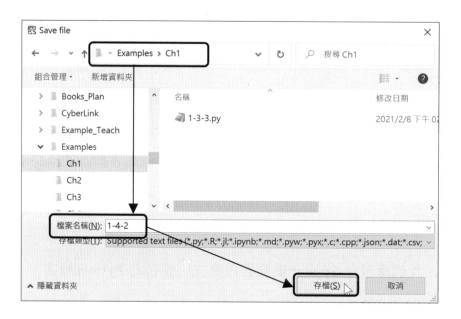

Step4 按下功能區的執行按鈕 ▶ 或是選取執行功能表列的「Run/Run」選項來執行程式。

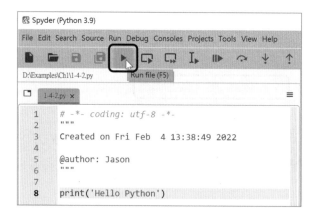

Step5 在命令視窗區出現執行結果「Hello Python」字串。

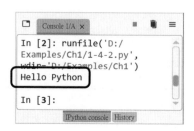

1-4-3　Jupyter Notebook 編輯器的編輯與測試

　　Anaconda 軟體提供了 Jupyter Notebook 編輯器，讓使用者可以在瀏覽器中開發 Python 程式，選取執行開始功能表的「Anaconda3 (64-bit) /Jupyter Notebook (anaconda3)」選項。

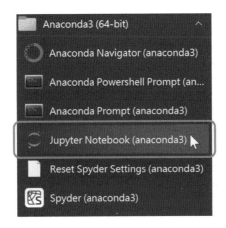

　　接著會自動打開瀏覽器，預設開啟的網址為「http://localhost:8888/tree」，由 localhost 名稱可以得知系統會在本機建立一個網頁伺服器，其實際檔案儲存的預設路徑為「C:\Users\使用者名稱」。

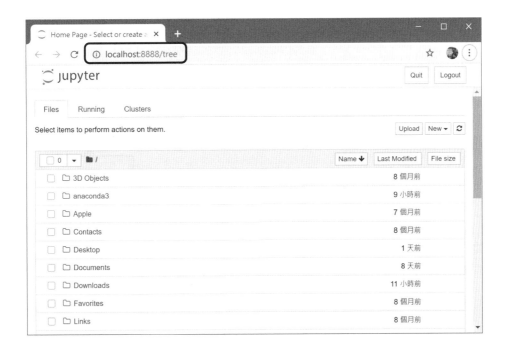

📎**TIPs** 使用「命令提示字元」開啟 Jupyter Notebook 編輯器

如果執行開始功能表的「Anaconda3 (64-bit) /Jupyter Notebook (anaconda3)」選項後，沒有自動開啟瀏覽器，我們可以打開「命令提示字元」視窗，在命令列輸入「jupyter notebook」，也可以自動使用瀏覽器開啟 Jupyter Notebook 編輯器。

接著，我們練習在 Jupyter Notebook 編輯器內建立一個新的 Python 檔案。

Step1 按下網頁上的「New」下拉按鈕，選取其中的「Python 3」選項，來新增一個 Python 檔。

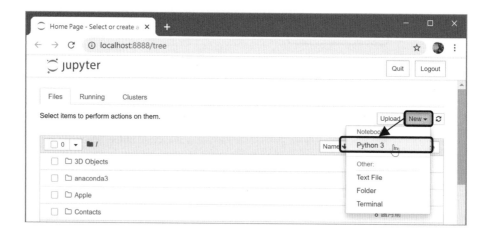

Step2 新檔案的預設檔名是「Untitled」，按一下「Untitled」檔名可以設定新檔名，此處我們輸入新檔名為「1-4-3」，接著按下「Rename」按鈕。

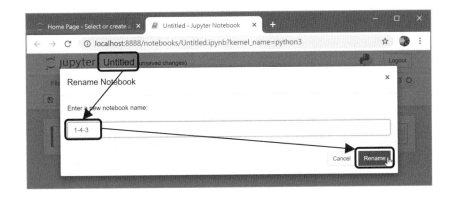

Step3 在 Cell 的程式碼編輯區輸入「print ('Hello Python')」指令，接著按下執行按鈕 ▶ Run 。在 Jupyter 中，一段程式碼就是一個 Cell。

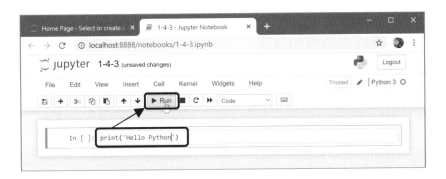

Step4 執行結果如圖所示，在程式編輯區的下方出現執行結果「Hello Python」字串。執行結果的下方會出現一個新的 Cell，可以繼續撰寫下一個程式。

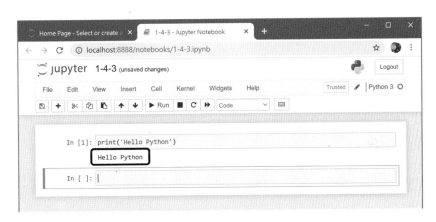

> **TIPs 使用 Jupyter Notebook 編輯器的副檔名**
>
> 一般而言，Python 檔案的副檔名為「.py」，但使用 Jupyter Notebook 編輯器所編輯的 Python 檔案，其副檔名為「.ipynb」，因為 Jupyter Notebook 編輯器會在檔案中，加入 Jupyter Notebook 編輯器所需的其他資訊。

習題

問答題

1. 高階語言與低階語言的優缺點比較？

2. 請問 Python 語言的特色為何？

3. 請問語言翻譯程式的種類為何？

變數、資料型態與輸出入

在講解 Python 語言的內容之前，我們先想像，假設今天要設計一個網路遊戲，首先我們需要將玩家的帳號、密碼、暱稱、生命、法力、攻擊力…等資料儲存下來，要達到此目的，可以使用變數（Variable）來儲存這些資料。這些資料有些是字串，有些是整數，有些是帶有小數點的數字，所以需要使用不同的資料型態去儲存變數。

2-1 變數的使用

變數是一個佔有記憶體空間的資料存放區，它可以存放各種不同型態的資料，在 Python 語言中的變數，除了整數（int）類型之外，還有浮點數（float）、布林值（bool）、字串（str）…等資料型態。

程式的運作，基本上是由一連串的「取出資料」、「運算」、「儲存資料」等動作所組成。當程式執行，需要在記憶體中取得資料時，程式需先知道資料所在的記憶體位址，才能正確抓取到所要的資料；程式語言為了讓使用者容易撰寫程式，特別將資料的記憶體位址以變數來取代，程式中若要存取該資料時，則以變數名稱來指定即可存取。因此，可以將變數看作是記憶體中存放未知數值的空間。

下圖是一個視覺化的概念示意圖。

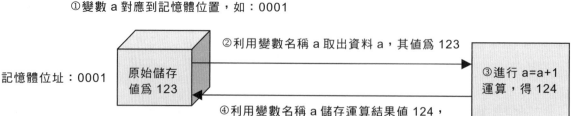

①變數 a 對應到記憶體位置,如:0001

②利用變數名稱 a 取出資料 a,其值爲 123

記憶體位址:0001

原始儲存值爲 123

③進行 a=a+1 運算,得 124

④利用變數名稱 a 儲存運算結果值 124,到記憶體位址爲 0001 的地方

⑤成功將變數 a 加 1,儲存值變爲 124

2-1-1 變數的命名規則

在 Python 語言中,對於變數的命名必須遵守相關規則,否則在程式執行時會發生錯誤,許多程式語言要求變數在使用之前必須先進行宣告,以告知作業系統分配記憶體空間給變數,不過 Python 語言是採用動態型別模式,是在執行時期做型別檢查,藉由變數裡的內容型態,來確定這個變數的資料型別,再依其資料型別配置記憶體空間,因次,變數不需要事先宣告就可以直接在程式中指派使用。

Python 的變數命名有一定規範,其相關規則與注意事項如下:

- 變數名稱是由「大小寫英文字母」、「數字」、底線符號「_」、「中文」組成,通常會使用有意義的小寫英文單字來命名,例如:會將表示「學生座號」的變數名稱設爲「stu_number」。

- 變數名稱的第 1 個字母必須是「大小寫字母」、底線符號「_」、「中文」,請注意數字不能當變數的起始字元。

- 英文字母區分大小寫,例如:變數「STUDENT」和變數「student」,是代表兩個不同的變數。

- 中文雖可當變數名稱,但本書並不建議使用,因爲 Python 社群的大量程式庫,幾乎都是以英文來爲變數命名,使用中文命名不利於與程式庫接軌。

- 變數名稱不能與 Python 內建的保留字相同,Python 內建的常見保留字包括:and、as、assert、break、class、continue、def、del、elif、else、except、False、finally、for、from、global、if、import、in、is、lambda、None、nonlocal、not、or、pass、raise、return、True、try、while、with、yield …等。

以下為幾個錯誤的變數名稱命名範例：

變數名稱	錯誤原因
3pigs	第 1 個字母不能是數字
Happy New Year	變數不得有空白
class	變數名稱不能與 Python 內建的保留字相同
Good!	不能使用特殊字元「!」

2-1-2 變數的指派

Python 要設定變數值的過程很簡單，變數不需經過宣告，直接就可以指派變數值，其指派（assign）的語法為：

```
變數名稱 = 變數值
```

例如：指派變數「a」的值為整數「5」，其語法如下：

```
a = 5
```

Python 會自動分配記憶體空間給變數 a，而且將該變數的變數值設定為 5。

我們在 Python 中使用變數時，不必指定其資料型態，Python 會自動根據等號「=」右方的變數值來設定資料型態。

例如：指派變數「b」的值為浮點數「3.5」，其語法如下：

```
b = 3.5
```

例如：指派變數「c」的值為字串「Good morning」，其語法如下：

```
c = 'Good morning'
```

Python 的字串可以使用單引號「'」含括，也可以使用雙引號「"」含括，所以上個例子可以改為「c = "Good morning"」，具有同樣的字串指派效果。

當我們一次要指派多個變數具有相同的變數值時，可以一起指派變數值，例如：指派變數 a、b、c 的值皆為整數「10」，其語法如下：

```
a = b = c = 10
```

　　另外，如果要在同一列指派多個不同型態的變數，變數之間需以「,」分隔。例如：指派變數 name 的值為字串「Jason」，變數 number 的值為整數「35」，其語法如下：

```
name, number = 'Jason', 35
```

　　當某些變數不再使用時，我們可以利用指令「del」將變數刪除，以節省記憶體運算空間，其語法如下：

```
del 變數名稱
```

程式範例：指派 2 個整數變數後印出其相加之值

📄 參考檔案：2-1-2.py　　　　　　📝 學習重點：熟悉變數的指派

一、程式設計目標

　　指派整數「1」給變數「a」，指派整數「2」給變數「b」，然後使用 print 指令印出兩個變數相加的值。

二、參考程式碼

列數	程式碼
1	a = 1
2	b = 2
3	print(a + b)

三、程式碼解說

- 第 1 行：指派「1」給變數「a」。
- 第 2 行：指派「2」給變數「b」。
- 第 3 行：使用 print 指令印出變數「a」加變數「b」的值。

四、執行結果

3

2-2 基本資料型態

　　Python 語言提供多個用來儲存變數的資料型態（Data Type），本節先介紹基本資料型態，包括：數值、布林及字串資料型態，其他複合資料型態，之後再進行說明。

2-2-1 數值資料型態

　　Python 數值資料型態主要有整數（int）及浮點數（float）兩種類型。整數是指不含小數點的數值，與數學上的意義相同，而浮點數則是指包含小數點的數值，參考範例如下：

```
money = 300    #整數為不含小數點的數值
price = 123.5  #浮點數為包含小數點的數值
```

　　程式碼中的「#」符號，是 Python 的單行註解格式，在「#」符號後方的資料，當程式執行時，直譯器會忽略不予執行。進行程式設計時，適度地加上註解是很重要的工作，註解可以用來解釋程式碼的意義，有利於程式的開發與維護。雖然說程式的語法相同，但寫一個程式就好像寫數學題目一般，每個人可能都有自己的解法，寫出來的程式自然有所差別，在自己寫的程式上加上清楚的註解，別人若要修改或維護也比較容易。

　　在 Python 中的多行註解寫法，通常是用 3 個雙引號「"""」當作註解的開頭，註解的結尾也是用 3 個雙引號「"""」來含括，前後用 3 個雙引號含括是多行字串的指派方式，因為沒有指派給任何變數，所以，可以當作多行註解的寫法，參考範例如下：

```
#   單行註解
"""   多行註解的開頭
Created on Sun Feb 14 20:30:32 2022
@author: USER 多行註解的結尾   """
```

2-2-2 布林資料型態

　　布林資料型態（bool）通常用於流程控制做條件判斷，其值只有兩種：「True」和「False」，此處的「T」及「F」都要是大寫，「True」代表「真」，「False」代表「假」。

要將一個變數值指定為布林值，參考範例如下：

```
green_light = True   #green_light 變數的布林值為真
switch = False   #switch 變數的布林值為假
```

2-2-3 字串資料型態

Python 的字串資料型態（str）是以一對單引號「'」或雙引號「"」含括起來的內容，參考範例如下：

```
name_1 = '林書豪'   #以單引號含括字串文字
name_2 = "陳偉殷"   #以雙引號含括字串文字
```

如果在螢幕上顯示的字串要包含引號本身，希望出現單引號或雙引號，可使用另一種引號包住該字串，例如：

```
good_word = "請常說'請'、'謝謝'、'對不起'"   #該字串含有單引號
```

因為 good_word 輸出的字串內容含有單引號，其內容為「請常說'請'、'謝謝'、'對不起'」，所以用雙引號含括要輸出的單引號字串。

2-2-4 資料型態轉換

Python 有多種資料型態，當不同資料型態變數進行運算時，需要進行資料型態的轉換。資料型態轉換方式分為由 Python 進行的「自動型態轉換」與程式設計師進行的「強制型態轉換」。

如果是整數與浮點數的運算，Python 會先將整數轉換為浮點數，接著進行浮點數運算，其運算結果為浮點數資料型態，參考範例如下：

```
score = 60 + 5.5   #其運算結果為浮點數型態的 65.5
```

如果是整數與布林值的運算，Python 會先將布林值轉換為整數，接著進行整數運算，其運算結果為整數資料型態，布林值的「True」轉換成整數的值為 1，布林值的「False」轉換成整數的值為 0，參考範例如下：

```
sum1 = True + 60   #其運算結果為整數型態的 61
sum2 = False + 60   #其運算結果為整數型態的 60
```

　　當系統無法自動進行資料型態轉換時，就需程式設計師以資料型態轉換指令來強制轉換。Python 常見的強制資料型態轉換指令有下列 3 個：

- int( )：將括弧內的資料強制轉換為整數資料型態。
- float( )：將括弧內的資料強制轉換為浮點數資料型態。
- str( )：將括弧內的資料強制轉換為字串資料型態。

　　參考範例如下：

　　如果整數與字串內容為數字的字串，進行加法運算會產生錯誤，如果將字串使用 int( )指令強制轉換為整數型態即可進行運算。

```
score = 67+ '33'   #其運算發生錯誤
score = 67+ int('33')   #其運算結果為整數型態的 100
```

　　有時候我們會使用 eval( )函式來得到字串裡運算式的計算結果，例如：

```
eval('2 + 2')   #其計算結果為 4
```

　　另外，當我們以 print 指令列印資料時，字串與數值的組合在列印時會發生錯誤。

```
score = 100
print ('成績:' + score)   #資料型態不同發生錯誤
```

　　如果將整數使用 str( )指令，強制轉換為字串型態，即可進行列印。

```
score = 100
print ('成績:' + str(score))   #其運算結果為「成績:100」
```

📎 TIPs　type 指令

如果想要知道項目的資料型態，我們可以使用 type 指令來取得，其語法如下：

```
type(項目)
```

參考範例如下：

📄 參考檔案：2-2-4-1.py

```
a = 5
b = 10.0
c = True
d = 'Jason'
print(type(a), type(b), type(c), type(d))
```

印出變數 a、b、c、d 的資料型態,其輸出結果如下:

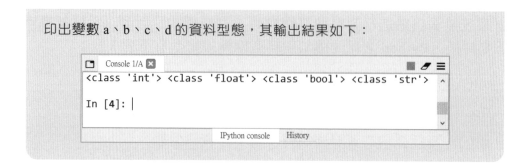

2-3 print 輸出函式

print( )輸出函式是用以列印指定項目的內容到標準的輸出裝置上,標準的輸出裝置通常是指螢幕,其語法為:

```
print(項目 1[, 項目 2, ……, sep = 分隔字元, end = 結束字元])
```

- 項目:print( )函式輸出時可以一次輸出多個項目,每個項目之間以逗號「,」分隔。在符號「[」和「]」中間的項目,包括:多個項目、分隔字元、結束字元等,可依程式的輸出需求選擇增加與否。

- sep(分隔字元):Python 預設的分隔符號為「空白字元」,程式設計師可以自行指定分隔字元,用來區隔多個項目。

- end(結束字元):Python 預設的結束字元為「換行字元」,如未另行指定結束字元,print( )函式會在輸出所有項目後進行換行。

參考範例如下:

整數變數 a 的值為 5,整數變數 b 的值為 10,使用 print( )函式印出 a 和 b 值,其預設的分隔字元為「空白字元」,參考程式碼如下:

```
a = 5
b = 10
print(a, b)
```

其輸出結果為:

```
5 10
```

　　如果想要改成以逗號「,」分隔整數變數 a 和整數變數 b，其 print( ) 函式需要加上分隔字元「sep」的指定，參考程式碼如下：

```
a = 5
b = 10
print(a, b, sep = ',')
```

　　其輸出結果為：

```
5,10
```

　　如果想要將印出整數變數 a 的 print( ) 函式，其預設的換行結束字元「\n」改成水平跳格字元「\t」，接著再印出整數變數 b，參考程式碼如下：

```
a = 5
print(a, end = '\t')
b = 10
print(b)
```

　　其輸出結果為：

```
5        10
```

　　如果想讓 print( ) 函式印出資料後，不要直接換行，則我們可以將結束字元「end」設為空字串，參考程式碼如下：

```
a = 5
print(a, end = '')
b = 10
print(b)
```

　　其輸出結果為：

```
510
```

TIPs Python 的跳脫字元

當 print( ) 函式要輸出一些特殊字元，無法利用鍵盤來輸入或顯示於螢幕上，此時必須在字元前加上反斜線「\」，將後面的字元當成一個特殊字元，形成所謂的「跳脫字元」，Python 的常見跳脫字元如下表所示。

跳脫字元	說明
\\	印出反斜線「\」
\'	印出單引號「'」
\"	印出雙引號「"」
\n	換行字元
\a	發出警告聲
\t	水平跳格字元（Tab）
\b	倒退一格字元（Backspace）
\f	跳頁字元

2-3-1 格式化輸出功能

print( )函式可以處理格式化的輸出，控制的方式是由「%」字元與後面參數列的格式化字元，來指定變數或數值的格式內容，print( )函式以「%s」代表字串、「%d」代表整數、「%f」代表浮點數，其語法為：

```
print('項目' % (參數列))
```

參考範例如下：

指定字串變數 name 為「台北 101」，整數變數 height 為「508」，接著使用 print( )函式以格式化輸出的方式，印出「台北 101 的高度為 508 公尺」字串，程式碼如下：

```
name = '台北 101'
height = 508
print('%s 的高度為%d 公尺' % (name, height)) #%s 代表字串、%d 代表整數
```

其輸出結果為：

```
台北 101 的高度為 508 公尺
```

另外，格式化輸出功能還可以用來控制資料輸出的字元位置，調整欄寬以對齊相關文字，程式碼如下：

📑 參考檔案：2-3-1-1.py

```
building1 = '台北一零一大樓'
building2 = '杜拜的哈利法塔'
height1 = 508
height2 = 828.5
print('%10s 高度為%8d 公尺' % (building1, height1))
print('%-10s 高度為%8.2f 公尺' % (building2, height2))
```

其輸出結果為：

格式碼的說明如下：

- %10s：「%10s」的「10」，代表固定輸出 10 個字元，此一數字可由程式開發者自行設定。一般來說 print( )函式在輸出時會靠右對齊，因此在輸出「台北一零一大樓」字串之左方，會留下 3 個空白字元。

- %8d：固定輸出 8 個字元，當數值內容少於 8 個字元，則會在數值左方填入空白字元，因此整數「508」，會印出「　　508」，但如果數值內容的總長度大於 8 個字元，則會全部輸出。

- %-10s：固定輸出 10 個字元，敘述中的「-」號是指定 print( )函式在輸出文字時，靠左對齊，因此在輸出「杜拜的哈利法塔」字串之右方，會留下 3 個空白字元。

- %8.2f：全部輸出 8 個字元，小數點算 1 個字元，小數部分固定 2 個字元，整數部分則會剩下 5 個字元，如果整數部分少於 5 個字元，則會在整數左方填入空白字元；如果小數部分小於 2 個字元，則會在數字右方補上「0」，因此浮點數「828.5」，會印出「 828.50」。

2-3-2 format 指令

Python 的 format 指令也可以用來格式化輸出的內容，其語法如下：

```
print(字串.format(參數列))
```

format 指令的參數列，會依序對應字串內的大括號「{ }」，大括號的編號分別以{0}、{1}、{2}…類推，參考範例如下：

```
building = 'Taipei101'
height = 508.35
print ('{0}的高度為{1}公尺'.format(building, height))
```

參數列的第 1 個參數「Taipei101」字串會對應到「{0}」的位置，參數列的第 2 個參數「508.35」浮點數會對應到「{1}」的位置，因此其輸出結果如下：

```
Taipei101 的高度為 508.35 公尺
```

我們在字串的部分，一樣可以加入格式化輸出設定，參考範例如下：

📄 參考檔案：2-3-2-1.py

```
building = 'Taipei101'
height = 508.35
print('{0:10s}的高度為{1:6.1f}公尺'.format(building, height))
print('{0:>10s}的高度為{1:6.2f}公尺'.format(building, height))
```

此範例將第 1 個參數的格式設為「10s」，也就是固定 10 個字元的字串，format 指令對字串的對齊方式是靠左對齊，「Taipei101」字串為 9 個字元，因此會在右方留下 1 個字元的空格，輸出「Taipei101 」；第 2 個參數的格式設為「6.1f」，也就是固定 6 個字元的字串，小數點算 1 個字元，小數部分 1 個字元，整數部分就是 4 個字元，「508.35」浮點數，經過格式化後，小數部分只留 1 個字元，會對小數點後第 2 位進行四捨五入，整數的部分會在前方留下 1 個空格，因此會輸出「 508.4」。下一列程式碼加上了「>」符號，可以將輸出靠右對齊，小數部分留 2 個字元，則會完整顯示其數值，其輸出結果如下：

2-3-3 f- 字串

在 print 輸出函式的字串左引號前，打一個小寫的 f 字母，也能進行字串的格式化，稱為 f-字串(f-string)。

在 f-字串中，我們可以把程式中的變數名稱或運算式，寫入成對的大括號中，實際的字串則會用這些變數的內容或運算結果，取代它的名稱。同樣地，我們也可以在大括號內寫入一些參數，調整字串靠左或靠右，以及整數或浮點數的輸出位數，f-字串為 Python 版本 3.8 以後才出現的語法，請參考以下的範例。

📄 參考檔案：2-3-3-1.py

```
building = 'Taipei101'
height = 508.35
print(f'{building:>10s}的高度為{height:8.1f}公尺')
print(f'{building:10s}的高度為{height:<8.2f}公尺')
```

此範例將 height 變數的總寬度調為「8」個字元，使用了「<」符號，將數字靠左對齊，其輸出結果如下：

2-4 input 輸入函式

print( )函式是輸出資料到標準輸出裝置（通常指螢幕），而 input( )函式是讓使用者，由標準輸入裝置（通常指鍵盤）來輸入資料，為了讀取使用者輸入的資料內容，我們會把資料儲存到變數之中，input( )函式的語法如下：

```
變數 = input(提示字串)
```

經由 input( )函式讀進來的資料，其資料型態都會被視為「字串」，在下面的範例中，使用者輸入的資料「Jason」和「35」，分別存入變數「name」和「age」之中，接著透過 print( )函式印出內容，中間串接「\t」進行水平跳格處理。另外，

我們使用 type 指令去檢查變數「name」和變數「age」的資料型態，其型態皆是字串「str」。

📄 參考檔案：2-4-1.py

```
name = input('請輸入您的姓名:')
age = input('請輸入您的年齡:')
print('您的姓名是:', name, '\t 年齡:', age)
print(type(name), type(age))
```

其輸出結果為：

📎 **TIPs** 一次讀入多個變數的方法

如果我們想要一次讀入多個變數，常搭配 map( )函式來進行，如下列程式碼：

a, b = map(int, input().split())該程式碼會以空格來分隔兩變數的輸入方式，讀入 2 個整數變數，分別存入變數 a 與變數 b 中。如果要讀入浮點數，則在 map( )函式內使用 float 參數，請參考以下範例：

📄 參考檔案：2-4-2.py

```
a, b = map(int, input("請輸入以空格分隔的兩整數:").split())
c, d = map(float, input("請輸入以空格分隔的兩浮點數:").split())
print(f'整數 1={a} 整數 2={b}')
print(f'浮點數 1={c} 浮點數 2={d}')
```

執行結果如下：

2-5 程式練習

📑 參考檔案：2-5-1.py　　　📝 學習重點：熟悉 print( )函式與基本資料型態

一、程式設計目標

　　設定字串變數 s 並給初值「good」，設定整數變數 i 並給初值「1」，設定浮點數變數 j 並給初值「2.0」，然後使用 3 個 print( )函式分別將 3 個變數之值輸出，輸出時 3 個變數都固定輸出 8 個字元，浮點數變數的小數部分請設定輸出 2 個字元，並且請使用 type 指令各自印出其資料型態，其執行結果如圖所示。

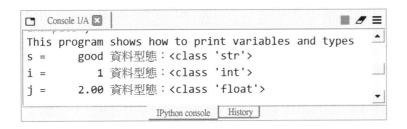

二、參考程式碼

列數	程式碼
1	#這是使用 print 輸出的程式範例
2	s = 'good'　#字串變數 s，並指定值為 good
3	i = 1　　　#整數變數 i，並指定值為 1
4	j = 2.0　　#浮點數變數 j，並指定值為 2.0
5	print('This program shows how to print variables and types')
6	print('s = %8s 資料型態：%s' %(s, type(s))) #印出字串變數 s 與資料型態
7	print('i = %8d 資料型態：%s' %(i, type(i))) #印出整數變數 i 與資料型態
8	print('j = %8.2f 資料型態：%s' %(j, type(j))) #印出浮點數變數 j 與資料型態

三、程式碼解說

- 第 1 行：使用「#」符號做程式的註解。
- 第 2 行：設定字串變數 s 並給初值「good」。
- 第 3 行：設定整數變數 i 並給初值「1」。

- 第 4 行：設定浮點數變數 j 並給初值「2.0」。
- 第 5 行：直接印出「This program shows how to print variables and types」字串。
- 第 6 行：固定輸出 8 個字元的字串變數 s，並且使用 type 指令印出其資料型態。
- 第 7 行：固定輸出 8 個字元的整數變數 i，並且使用 type 指令印出其資料型態。
- 第 8 行：固定輸出 8 個字元的浮點數變數 j，使用「%8.2f」來控制小數部分固定 2 個字元，並且使用 type 指令印出其資料型態。

練習題 2：使用 input( ) 輸入函式，讀入各種資料型態後印出

📄 參考檔案：2-5-2.py　　　　✏️ 學習重點：熟悉 input( ) 函式與基本資料型

一、程式設計目標

使用 input( ) 函式，讓使用者輸入三種資料型態的值，包括：整數值、浮點數值和文字，然後將使用者輸入的資料，依不同的資料型態輸出到螢幕上。由於經由 input( ) 函式輸入的資料，都會被轉為字串型態，因此，在輸出整數或浮點數型態資料的時候，我們往往會搭配強制資料轉換指令，包括：int( ) 或 float( ) 等。如圖為輸入整數「100」、浮點數「1.5」及字串「早安」的執行結果。

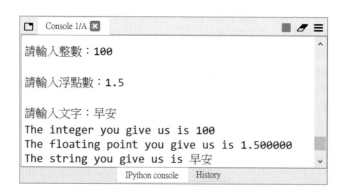

二、參考程式碼

列數	程式碼
1	# 這是使用 input 輸入的程式範例
2	variable1 = input('請輸入整數：')
3	variable2 = input('請輸入浮點數：')
4	variable3 = input('請輸入文字：')
5	print('The integer you give us is %d' % int(variable1))
6	print('The floating point you give us is %f' % float(variable2))
7	print('The string you give us is %s' % (variable3))

三、程式碼解說

- 第 1 行：使用「#」符號做程式的註解。
- 第 2 行：設定變數「variable1」來儲存使用者輸入的整數。
- 第 3 行：設定變數「variable2」來儲存使用者輸入的浮點數。
- 第 4 行：設定變數「variable3」來儲存使用者輸入的文字。
- 第 5 行：使用強制資料轉換指令 int( ) 將字串轉成整數型態，並且使用 print( ) 函式印出其內容。
- 第 6 行：使用強制資料轉換指令 float( ) 將字串轉成浮點數型態，並且使用 print( ) 函式印出其內容。
- 第 7 行：直接使用 print( ) 函式印出變數「variable3」的內容。

練習題 3：使用 map( ) 函式，讀入 3 個整數後分別印出其內容

📄 參考檔案：2-5-3.py　　　　✏️ 學習重點：熟悉 map( ) 函式與基本資料型態

一、程式設計目標

使用 map( ) 函式，讓使用者以空格分隔，連續輸入 3 個整數，然後使用 print( ) 函式，依序印出其內容。如圖為輸入 3 個整數「20 85 35」的執行結果。

二、參考程式碼

列數	程式碼
1	*# 這是使用 map( ) 輸入的程式範例*
2	*Num1, Num2, Num3 = map(int, input('請輸入 3 個以空格分隔的整數：').split())*
3	*print('第 1 個整數：%d' % (Num1))*
4	*print('第 2 個整數：%d' % (Num2))*
5	*print('第 3 個整數：%d' % (Num3))*

三、程式碼解說

- 第 1 行：使用「#」符號做程式的註解。
- 第 2 行：設定變數「Num1」、「Num2」與「Num3」來儲存使用者輸入的整數。
- 第 3 行：使用 print( ) 函式輸出整數變數「Num1」的內容。
- 第 4 行：使用 print( ) 函式輸出整數變數「Num2」的內容。
- 第 5 行：使用 print( ) 函式輸出整數變數「Num3」的內容。

習題

選擇題

（　）1. 依據 Python 的變數命名規則，下列何者錯誤？

    (a) ABC   (b) Number   (c) 3Nike   (d) Hi_1

（　）2. 請問下列程式碼中功能為非註解的敘述有幾行？

```
i = 0
# hello world!
j = 8.5
""" float g;
k=8 """
```

    (a) 1 行   (b) 2 行   (c) 3 行   (d) 4 行

（　）3. 請問 Python 語言敘述的結尾要接哪一個符號？

    (a) 句號（。）   (b) 逗號（，）

    (c) 分號（；）   (d) 無

（　）4. 請問要將字串資料強制轉換為浮點數格式，要使用哪一個指令？

(a) float( )　　　(b) double( )　　　(c) int( )　　　(d) str( )

（　）5. 請問使用 print( )函式要將資料進行水平跳格處理時，要使用下列哪一個跳脫字元？

(a) \n　　　　　(b) \\　　　　　(c) \t　　　　　(d) \

（　）6. 客戶資料的程式碼如下，請由上而下選擇每個變數對應的資料型態。

```
Name= 'Jason'
age = 35
member = False
money = 85694.59
```

(a) bool、str、float、int　　　(b) bool、str、int、float

(c) str、float、bool、int　　　(d) str、int、bool、float

（　）7. 請問下列 input( )函式讀進來的資料為何種資料型態？

```
year = input("輸入西元年份: ")
```

(a) bool　　　(b) int　　　(c) float　　　(d) str

（　）8. 請問下列程式碼的輸出結果為何？

```
x1 = "30"
y1 = 2
a = x1 * y1
print(a, type(a))
```

(a) 3030 <class 'str'>　　　(b) 60 <class 'str'>

(c) 3030 <class 'int'>　　　(d) 60 <class 'int'>

（　）9. 請問下列哪一項程式碼可以將使用者的輸入轉成整數？

(a) Items = float(input("個數："))

(b) Items = input("個數：")

(c) Items = int(input("個數："))

(d) Items = str(input("個數："))

( ) 10. 請問下列列印花費減預算的程式碼何者正確？

```
spend = input("你花費多少錢？")
budge = input("你的預算多少？")
```

(a) print("花費減預算為 " + (int(spend) - int(budge)) + " 元!")

(b) print("花費減預算為 " + str(int(spend) - int(budge)) + " 元!")

(c) print("花費減預算為 " + int(spend - budge) + " 元!")

(d) print("花費減預算為 " + str(spend - budge) + " 元!")

( ) 11. 請問使用%參數列來列印一個少於 20 個字元的資料，並且在資料的右側保留空格，下列何者正確？

(a) %-20s　　(b) %20s　　(c) %-20c　　(d) %20c

( ) 12. 請問使用%參數列要列印在 7 個空格範圍內，靠右對齊，並且小數點後最多兩位數，下列何者正確？

(a) %5.2f　　(b) %-5.2f　　(c) %7.2f　　(d) %-7.2f

( ) 13. 下列何者可以列印出用單引號括起來的請本身？

(a) "請常說"請""　　　　　　(b) '請常說'請"

(c) "請常說'請'"　　　　　　(d) 以上皆非

( ) 14. 下列程式碼執行後，變數 c 的資料型態為何？

```
x = 3.5
y = 1
c = x / y
```

(a) int　　　　　　　　　(b) str

(c) float　　　　　　　　(d) bool

( ) 15. 下列程式碼執行後，會得到何種資料型態？

```
type("True")
```

(a) int　　　　　　　　　(b) str

(c) float　　　　　　　　(d) bool

( ) 16. 下列程式碼執行後，會得到何種資料型態？

```
score = input("請輸入分數：")
type(score)
```

(a) int   (b) str

(c) float   (d) bool

( ) 17. 下列程式碼執行後的結果為何？

```
print(True + 60)
```

(a) True   (b) False

(c) 60   (d) 61

( ) 18. 下列程式碼執行後的結果為何？

```
A = 'QQ'
print(A * 2)
```

(a) QQ   (b) 2QQ

(c) QQQQ   (d) QQ2

( ) 19. 下列程式碼執行後的結果為何？

```
A = 9.65
print("%.3f" % (A))
```

(a) 9.65   (b) 9.66   (c) 9.650   (d) 9.7

( ) 20. 下列程式碼的方格內應該填入下列何者？

```
B = "9.65"
print("%□" % (B))
```

(a) s   (b) f   (c) d   (d) c

問答題

1. 請說明變數的意涵為何？

2. 請寫出變數的指派語法。

3. 請寫出變數的刪除語法。

4. 請寫出 print( ) 輸出函式的語法。

5. 請寫出 input( ) 輸入函式的語法。

運算子與運算式

所謂的運算式（expression）就是由運算子（operator）和運算元（operand）來組成，Python 的運算子有指定運算子、算術運算子、邏輯運算子…等，運算元可以是常數、變數或者是函數皆可，程式（program）就是由許多的運算式所組成。

「運算子」是用來指定資料做何種運算，「運算元」是進行運算的資料，以下舉一個例子來說明：

```
a = 1
```

在此例子中，運算子是「＝」，運算元是「a」和「1」，由運算子和運算元組成運算式「a＝1」，多個有意義的運算式就組成程式，接下來介紹 Python 語言的運算子。

3-1 指定運算子

Python 語言的指定運算子(assignment operator)是「＝」符號，這個符號會把等號右方的值（常數、變數或運算式），指定給等號左方的變數。

參考下面的程式敘述：

```
a = 5    #指定常數值
b = a + 5  #指定運算式 a+5
print('a=%d b=%d' % (a,b))
```

第 1 行敘述將常數 5 指定給變數 a；第 2 行敘述將 a+5 的值指定給變數 b，其值變為 10；第 3 行敘述印出整數變數 a 和整數變數 b 的值。

執行結果如下：

```
a=5 b=10
```

另外，我們在 Python 語言中，常常可以看到如下的程式敘述：

```
i = 0
i = i + 1
```

第 1 行敘述為將變數 i 的初值設定為「0」；第 2 行敘述將右側的變數 i 加 1 之後，再指定給左側的變數 i，所以 i 值會變成「1」，如果變數 i 未指定初值，則運算會發生錯誤。

3-2 算術運算子

算術運算子是最常使用的運算子類型，在各類型的數學計算中常常會使用到。Python 語言提供的算術運算子包括：「+」、「-」、「*」、「/」加減乘除四則運算、「%」餘數運算、「//」商數運算、「**」指數運算子等。

以下列舉算術運算子的運算範例：

算術運算子	意義	範例	運算結果
+	加	5+3	8
-	減	5-3	2
*	乘	5*3	15
/	除	5/3	1.6666666666666667
%	餘數運算	5%3	2
//	商數運算	5//3	1
**	指數運算	5**3	125

程式範例：兩個數字的加減運算

參考檔案：3-2-1.py　　　　學習重點：熟悉加法和減法運算子的使用

一、程式設計目標

讓使用者輸入兩個數字，之後輸出兩數相加與相減的結果。

下圖為輸入「66.3」和「37.2」後，分別存入變數 num1 和變數 num2 中，然後計算「num1+num2」和「num1-num2」的結果。

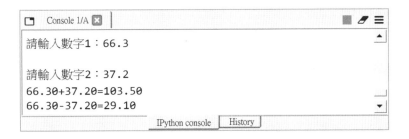

二、參考程式碼

列數	程式碼
1	# 簡單的加減運算程式
2	num1 = float(input('請輸入數字1：'))
3	num2 = float(input('請輸入數字2：'))
4	print('%.2f+%.2f=%.2f' % (num1, num2, num1+num2))　# 印出相加的結果
5	print('%.2f-%.2f=%.2f' % (num1, num2, num1-num2))　# 印出相減的結果

三、程式碼解說

- 第 1 行：使用「#」符號做程式的註解。

- 第 2 行：使用 input( )輸入函式並設定變數 num1 來儲存使用者輸入的第 1 個數字，讀進來的資料是字串型態，使用 float( )函式強制轉型為浮點數型態。

- 第 3 行：使用 input( )輸入函式並設定變數 num2 來儲存使用者輸入的第 2 個數字，讀進來的資料是字串型態，使用 float( )函式強制轉型為浮點數型態。

- 第 4 行：進行「num1+num2」運算，然後使用 print( )函式印出相加的結果，格式以「%.2f」來控制為小數點以下 2 位。

- 第 5 行：進行「num1-num2」運算，然後使用 print( )函式印出相減的結果，格式以「%.2f」來控制為小數點以下 2 位。

程式範例：華氏溫度轉攝氏溫度

參考檔案：3-2-2.py　　　　　　　　學習重點：熟悉乘法和除法運算子的使用

一、程式設計目標

華氏溫度（℉）轉換成攝氏溫度（℃）的公式是 C = (F -32)*(5/9)，請寫一個程式輸入華氏溫度後，輸出攝氏溫度。

下圖為輸入華氏溫度為「96」的執行結果。

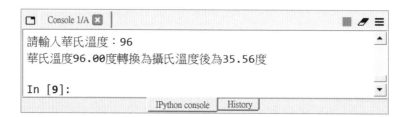

二、參考程式碼

列數	程式碼
1	# 華氏溫度轉攝氏溫度程式
2	F = float(input('請輸入華氏溫度：'))　# 輸入華氏溫度
3	C = (F-32)*(5/9)　# 使用公式轉換溫度
4	print('華氏溫度%.2f 度轉換為攝氏溫度後為%.2f 度' % (F, C))

三、程式碼解說

- 第 1 行：使用「#」符號做程式的註解。

- 第 2 行：使用 input( )輸入函式並設定變數 F 來儲存使用者輸入的華氏溫度，讀進來的資料是字串型態，使用 float( ) 函式強制轉型為浮點數型態。

- 第 3 行：直接使用溫度轉換公式來設計運算式，將計算結果指定給變數 C。
- 第 4 行：使用 print( )函式印出華氏溫度轉換為攝氏溫度的結果，格式以「%.2f」來控制數值輸出為小數點以下 2 位。

TIPs 括號

在運算式中，括號「( )」所含括的運算具有最高優先權，只要用括號含括的運算都會先計算。如果不知道每個運算子的運算優先順序，那就可以使用括號來確保其優先權。例如有一運算式如下：

```
num = (3+2*3)*(3-1)
```

當乘除運算子與加減運算子在一起時，乘除運算子會先計算，因此左邊括號內「2*3」先運算，結果為 6，再加上「3」得到 9；而右邊括號內運算為「3-1」，運算結果為 2，最後 9 乘以 2 得到變數 num 的值為 18。
如果不確定運算子的優先順序，可以再加上括號來確認，因此此例的運算式可以改為：

```
num = (3+(2*3))*(3-1)
```

程式範例：糖果分發程式

參考檔案：3-2-3.py　　　　　　學習重點：熟悉商數與餘數運算子的使用

一、程式設計目標

寫一個糖果分發程式，讓使用者輸入糖果個數與小朋友人數，程式會自動計算每位小朋友可以分得幾顆糖果，還會剩下幾顆糖。

下圖為使用者輸入糖果為「17」與小朋友為「5」位的執行結果，其計算結果為「每位可以分得 3 顆，還剩下 2 顆糖」。

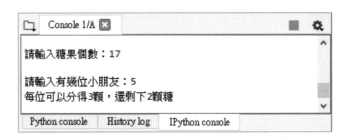

二、參考程式碼

列數	程式碼
1	*# 糖果分發程式*
2	*candy = int(input('請輸入糖果個數：'))*
3	*mem = int(input('請輸入有幾位小朋友：'))*
4	*print('每位可以分得%d 顆，還剩下%d 顆糖' % (candy // mem, candy % mem))*

三、程式碼解說

- 第 1 行：使用「#」符號做程式的註解。

- 第 2 行：使用 input( )輸入函式並設定變數 candy 來儲存使用者輸入的糖果個數，讀進來的資料是字串型態，使用 int( )函式強制轉型為整數型態。

- 第 3 行：使用 input( )輸入函式並設定變數 mem 來儲存使用者輸入的小朋友人數，讀進來的資料是字串型態，使用 int( )函式強制轉型為整數型態。

- 第 4 行：運用商數運算子「//」和餘數運算子「%」，計算糖果個數除以小朋友人數的結果，然後使用 print( )函式印出。

> **TIPs divmod()函式**
>
> Python 提供 divmod( )函式可以直接計算商數和餘數，其語法如下：
>
> ```
> divmod(a, b)
> ```
>
> divmod( )函式會回傳參數 a 除以 b 的商數及餘數，例如：divmod(17,5)指令其運算結果為(3, 2)。

程式範例：國英數三科平均分數計算

參考檔案：3-2-4.py　　　　學習重點：熟悉算術運算子與括號的使用

一、程式設計目標

輸入國、英、數三科成績後，計算並輸出其平均成績。下圖為輸入「89」、「77」、「99」數值的執行結果，印出「平均分數為：　88.33」文字，輸出時請輸出 8 個字元，其中小數部分為 2 個字元。

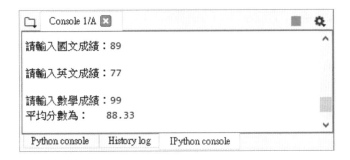

二、參考程式碼

列數	程式碼
1	# 國英數三科平均分數計算
2	chinese = int(input('請輸入國文成績：'))
3	english = int(input('請輸入英文成績：'))
4	math = int(input('請輸入數學成績：'))
5	average = (chinese+english+math)/3 # 將分數加總後除以 3
6	print('平均分數為：%8.2f' % (average))

三、程式碼解說

- 第 1 行：使用「#」符號做程式的註解。

- 第 2 行：使用 input( )函式並設定變數 chinese 來儲存使用者輸入的第 1 個數字，讀進來的資料是字串型態，使用 int( )函式強制轉型為整數型態。

- 第 3 行：使用 input( )函式並設定變數 english 來儲存使用者輸入的第 2 個數字，讀進來的資料是字串型態，使用 int( )函式強制轉型為整數型態。

- 第 4 行：使用 input( )函式並設定變數 math 來儲存使用者輸入的第 3 個數字，讀進來的資料是字串型態，使用 int( )函式強制轉型為整數型態。

- 第 5 行：先進行括號運算，計算「chinese+english+math」的總和結果，然後除以「3」得到平均分數，並將平均分數指定給變數 average。

- 第 6 行：使用 print( )函式印出變數 average 的內容，並且使用「%8.2f」控制其輸出的格式。

3-3 關係運算子

關係運算子顧名思義就是比較關係的運算，比較的結果有兩種情形，條件成立為真（True），條件不成立為偽（False），關係運算子在進行程式流程控制時會經常使用。

以下列舉關係運算子的運算範例：

關係運算子	意義	範例	運算結果
>	大於	5>2	True
<	小於	5<2	False
>=	大於等於	5>=2	True
<=	小於等於	5<=2	False
==	等於（比較）	5==2	False
!=	不等於	5!=2	True

參考下面的範例：

```
a = 5
b = (a == 5)
print(b)
```

上面這 3 行運算式會使得 b 的值成為「True」。因為在第 1 行敘述中將變數 a 的初值設為 5；在第 2 行敘述中(a==5)這個關係判斷敘述為真，系統會把為真的關係判斷敘述，將其值設為「True」，然後將「True」指定給變數 b，所以會使得 b 的值成為「True」。

再參考下面的範例：

```
a = 15
b = (a == 5)
print(b)
```

上面這 3 行敘述會使得 b 的值成為「False」。因為在第 1 行敘述中將變數 a 的初值設為 15；在第 2 行敘述中(a==5)這個關係判斷敘述為偽，系統會把為偽的關係判斷敘述，將其值設為「False」，然後將「False」指定給變數 b，所以會使得 b 的值成為「False」。

📎 **TIPs 一個等號與兩個等號**

在中文中，使用「等於」這個字眼，常常隱含了比較的意味，但在 Python 語言裡，若要比較兩個數是否相等，必須用關係運算子「==」。請讀者務必要清楚兩個運算子在 Python 語言中的不同之處，一個等號是指定運算子，兩個等號是關係運算子。

程式範例：兩個數字的大小關係

📄 參考檔案：3-3-1.py　　　　　　　　✏️ 學習重點：熟悉關係運算子的使用

一、程式設計目標

讓使用者輸入兩個數字，之後輸出兩數之間的關係判斷結果。

下圖為輸入「55」和「66」後，分別存入變數 num1 和變數 num2 中，然後計算「num1==num2」、「num1>num2」、「num1<num2」的結果。

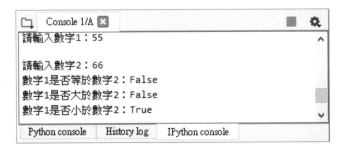

二、參考程式碼

列數	程式碼
1	# 兩個數字的大小關係
2	num1 = float(input('請輸入數字1：'))
3	num2 = float(input('請輸入數字2：'))
4	print('數字1是否等於數字2：%s' % (num1 == num2))
5	print('數字1是否大於數字2：%s' % (num1 > num2))
6	print('數字1是否小於數字2：%s' % (num1 < num2))

三、程式碼解說

- 第 1 行：使用「#」符號做程式的註解。

- 第 2 行：使用 input( )輸入函式並設定變數 num1 來儲存使用者輸入的第 1 個數字，讀進來的資料是字串型態，使用 float( )函式強制轉型為浮點數型態。

- 第 3 行：使用 input( )輸入函式並設定變數 num2 來儲存使用者輸入的第 2 個數字，讀進來的資料是字串型態，使用 float( )函式強制轉型為浮點數型態。

- 第 4 行：進行「num1==num2」關係運算，然後使用 print( )函式印出「等於」關係判斷的結果。

- 第 5 行：進行「num1>num2」關係運算，然後使用 print( )函式印出「大於」關係判斷的結果。

- 第 6 行：進行「num1<num2」關係運算，然後使用 print( )函式印出「小於」關係判斷的結果。

3-4 邏輯運算子

Python 語言提供了三個邏輯運算子，包括：「and」、「or」、「not」等邏輯運算子，邏輯運算子常與關係運算子交錯使用，通常會結合多個關係運算式來得到需要的運算結果。

邏輯運算子	意義	範例	運算結果
and	和	(5>3)and(3>2)	True
		(5>3)and(3<2)	False
		(5<3)and(3>2)	False
		(5<3)and(3<2)	False
or	或	(5>3)or(3>2)	True
		(5>3)or(3<2)	True
		(5<3)or(3>2)	True
		(5<3)or(3<2)	False
not	反相	not(5>3)	False
		not(5<3)	True

判斷一個整數是否為二位數，這個數字要大於等於 10 並且小於 100，參考下面的範例：

```
a = 30
b = (a >= 10 and a < 100)
print(b)
```

上面的 3 行程式敘述會使 b 的值成為「True」。因為變數 a 的值指定為「30」，其值大於等於「10」也小於「100」，邏輯運算子的 and 判斷式為真，則會將變數 b 設定為「True」，讀者可參考下方的真值表（Truth Table）來使用邏輯運算子。

and		傳回值	or		傳回值	not	傳回值
False	False	False	False	False	False	False	True
False	True	False	False	True	True	True	False
True	False	False	True	False	True		
True	True	True	True	True	True		

程式範例：判斷一個整數是否為 3 位數

參考檔案：3-4-1.py   學習重點：熟悉邏輯運算子的使用

一、程式設計目標

讓使用者輸入整數，程式會判斷該數是否為 3 位數，如為 3 位數輸出邏輯判斷為「True」，如不是 3 位數則輸出邏輯判斷為「False」。

下圖為輸入 3 位數「777」的執行結果。

下圖為輸入非 3 位數「88」的執行結果。

二、參考程式碼

列數	程式碼
1	# 判斷整數是否為 3 位數
2	num = int(input('請輸入整數：'))
3	judge = (num >= 100 and num < 1000)
4	print('%d 是 3 位數的邏輯判斷為%s' % (num, judge))

三、程式碼解說

- 第 1 行：使用「#」符號做程式的註解。

- 第 2 行：使用 input( ) 輸入函式並設定變數 num 來儲存使用者輸入的整數，讀進來的資料是字串型態，使用 int( ) 函式強制轉型為整數型態。

- 第 3 行：使用 and 邏輯運算子判斷 num 是否介於 100～1000 之間，如果邏輯判斷為真則變數 judge 會得到「True」，如果邏輯判斷為否則變數 judge 會得到「False」。

- 第 4 行：使用 print( ) 函式印出變數 num 與邏輯判斷的結果。

程式範例：邏輯運算子的測試

📄 參考檔案：3-4-2.py　　　　　　📝 學習重點：熟悉邏輯運算子的使用

一、程式設計目標

建立兩個布林變數，將變數名稱命名為「JudgeA」與「JudgeB」，且將「JudgeA」變數設為「True」，「JudgeB」變數設為「False」，然後輸出邏輯運算子（and、or、not）對這兩個變數的運作狀況，如圖為程式的執行結果。

二、參考程式碼

列數	程式碼
1	# 邏輯運算子的測試
2	JudgeA = True
3	JudgeB = False
4	print("判斷 A 為 True，判斷 B 為 False 的邏輯運算如下：")
5	print("兩判斷 and 運算的結果為%s" % (JudgeA and JudgeB))
6	print("兩判斷 or 運算的結果為%s" % (JudgeA or JudgeB))
7	print("判斷 A 的 not 運算結果為%s" % (not JudgeA))
8	print("判斷 B 的 not 運算結果為%s" % (not JudgeB))

三、程式碼解說

- 第 1 行：使用「#」符號做程式的註解。
- 第 2 行：設定 JudgeA 變數為布林值 True。
- 第 3 行：設定 JudgeB 變數為布林值 False。
- 第 5~8 行：輸出邏輯運算子（and、or、not）對 JudgeA 與 JudgeB 的運作結果。

3-5 複合指定運算子

指定運算子是將等號右方的值（常數、變數或運算式），指定給等號左方的變數，而複合指定運算子運用在「＝」號右方的運算元和「＝」號左方的運算元相同時，例如：「num = num + 1」運算式可以利用複合指定運算子，改寫成「num += 1」，相關複合指定運算子範例請參考下表：

複合指定運算子	意義	原運算式	縮寫後運算式
+=	加法後指定	A=A+3	A += 3
-=	減法後指定	A=A-3	A -= 3
*=	乘法後指定	A=A*3	A *= 3
/=	除法後指定	A=A/3	A /= 3
%=	求餘數後指定	A=A%3	A %= 3
//=	求商數後指定	A=A//3	A //= 3
**=	指數後指定	A=A**3	A **= 3

下表是以 A 之變數值為「8」來計算的範例結果：

複合指定運算子	意義	範例	運算結果
+=	加法後指定	A += 3	11
-=	減法後指定	A -= 3	5
*=	乘法後指定	A *= 3	24
/=	除法後指定	A /= 3	2.6666666666666665
%=	求餘數後指定	A %= 3	2
//=	求商數後指定	A //= 3	2
**=	指數後指定	A **= 3	512

TIPs 運算子類型與優先順序

運算子依據運算元的個數可以分為單元運算子及二元運算子。所謂單元運算子是指運算子的作用對象只有一個運算元，例如：邏輯運算子的「not」反相運算，其單元運算子是置於運算元的前方；二元運算子是指運算子的作用對象有兩個運算元，例如：算術運算子的「+」加法運算，二元運算子是位於兩個運算元中間。

在 Python 語言中，運算子的優先權由高到低順序如表所示：

優先權	運算子	說明
1	( )	括弧
2	**	指數
3	not、-	邏輯運算子 not、負號
4	*、/、%、//	算術運算子的乘法、除法、餘數、商數
5	+、-	算術運算子的加法和減法
6	>、>=、<、<=	關係運算子的大於、大於等於、小於和小於等於
7	==、!=	關係運算子的等於和不等於
8	and、or	邏輯運算子的 and、or
9	=	指定運算子

3-6 程式練習

練習題 1：兩個數字的乘除運算

📄 參考檔案：3-6-1.py　　　📝 學習重點：熟悉乘法和除法運算子的使用

一、程式設計目標

讓使用者輸入兩個數字，之後輸出兩數相乘與相除的結果。

右圖為輸入「10」和「4」後，分別存入變數 num1 和變數 num2 中，然後計算「num1*num2」和「num1/num2」的結果。

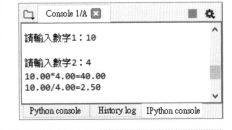

二、參考程式碼

列數	程式碼
1	# 兩個數字的乘除運算
2	num1 = float(input('請輸入數字1：'))
3	num2 = float(input('請輸入數字2：'))

```
4    print('%.2f*%.2f=%.2f' % (num1, num2, num1*num2))   # 印出相乘的結果
5    print('%.2f/%.2f=%.2f' % (num1, num2, num1/num2))   # 印出相除的結果
```

三、程式碼解說

- 第 1 行：使用「#」符號做程式的註解。

- 第 2 行：使用 input( )輸入函式並設定變數 num1 來儲存使用者輸入的第 1 個數字，讀進來的資料是字串型態，使用 float( )函式強制轉型為浮點數型態。

- 第 3 行：使用 input( )輸入函式並設定變數 num2 來儲存使用者輸入的第 2 個數字，讀進來的資料是字串型態，使用 float( )函式強制轉型為浮點數型態。

- 第 4 行：進行「num1*num2」運算，然後使用 print( )函式搭配「%.2f」格式印出相乘的結果。

- 第 5 行：進行「num1/num2」運算，然後使用 print( )函式搭配「%.2f」格式印出相除的結果。

練習題 2：攝氏溫度轉華式溫度

📄 參考檔案：3-6-2.py   📝 學習重點：熟悉括號與乘除法運算子的使用

一、程式設計目標

攝氏溫度（℃）轉換成華氏溫度（℉）的公式是 $F = C*9/5 + 32$，請寫一個程式輸入攝氏溫度後，輸出華氏溫度。

如圖為輸入攝氏溫度「28」的執行結果。

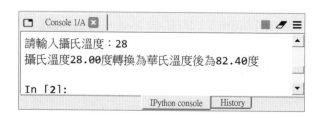

二、參考程式碼

列數	程式碼
1	# 攝氏溫度轉華式溫度
2	C = float(input('請輸入攝氏溫度：')) # 輸入攝氏溫度
3	F = C * (9/5) + 32 # 使用公式轉換溫度
4	print('攝氏溫度%.2f 度轉換為華氏溫度後為%.2f 度' % (C, F))

三、程式碼解說

- 第 1 行：使用「#」符號做程式的註解。
- 第 2 行：使用 input( )輸入函式並設定變數 C 來儲存使用者輸入的攝氏溫度，讀進來的資料是字串型態，使用 float( )函式強制轉型為浮點數型態。
- 第 3 行：直接使用溫度轉換公式來設計運算式，將計算結果指定給變數 F。
- 第 4 行：使用 print( )函式搭配「%.2f」格式，印出攝氏溫度轉換為華氏溫度的結果。

練習題 3：國英數社自五科，總分及平均分數計算程式

📄 參考檔案：3-6-3.py　　　　　　　　✏️ 學習重點：熟悉算術運算子

一、程式設計目標

輸入國、英、數、社、自五科成績後，計算總分以及平均成績。下圖為輸入「60 85 78 99 87」後的執行結果，得到「總分為： 409」和「平均分數為：81.80」。

二、參考程式碼

列數	程式碼
1	*# 國英數社自五科，總分及平均分數計算程式*
2	*chinese = int(input('請輸入國文成績：'))*
3	*english = int(input('請輸入英文成績：'))*
4	*math = int(input('請輸入數學成績：'))*
5	*social = int(input('請輸入社會成績：'))*
6	*science = int(input('請輸入自然成績：'))*
7	*Sum = chinese + english + math + social + science*
8	*average = Sum / 5 # 將分數加總後除以5*
9	*print('總分為：%6d 平均分數為：%8.2f' % (Sum, average))*

三、程式碼解說

- 第 1 行：使用「#」符號做程式的註解。

- 第 2 行：使用 input( ) 函式並設定變數 chinese 來儲存使用者輸入的第 1 個數字，讀進來的資料是字串型態，使用 int( ) 函式強制轉型為整數型態。

- 第 3 行：使用 input( ) 函式並設定變數 english 來儲存使用者輸入的第 2 個數字，讀進來的資料是字串型態，使用 int( ) 函式強制轉型為整數型態。

- 第 4 行：使用 input( ) 函式並設定變數 math 來儲存使用者輸入的第 3 個數字，讀進來的資料是字串型態，使用 int( ) 函式強制轉型為整數型態。

- 第 5 行：使用 input( ) 函式並設定變數 social 來儲存使用者輸入的第 4 個數字，讀進來的資料是字串型態，使用 int( ) 函式強制轉型為整數型態。

- 第 6 行：使用 input( ) 函式並設定變數 science 來儲存使用者輸入的第 5 個數字，讀進來的資料是字串型態，使用 int( ) 函式強制轉型為整數型態。

- 第 7 行：計算「chinese+english+math+social+science」的總和，將結果指定給變數 Sum。

- 第 8 行：將總分除以「5」得到平均分數，並將平均分數指定給變數 average。

- 第 9 行：使用「%6d」格式印出變數 Sum 的內容，使用「%8.2f」格式印出變數 average 的內容。

練習題 4：梯形面積的計算程式

📄 參考檔案：3-6-4.py　　　　　　　✍ 學習重點：熟悉算術運算子的使用

一、程式設計目標

根據使用者輸入梯形的上底（a）、下底（b）與高（h）的數值，計算其梯形面積，梯形面積（s）的計算公式為：

```
s=(a+b)× h/2
```

右圖為輸入上底為「8」，下底為「3」，高度為「3」的執行結果，得到梯形面積的值為「16.50」。

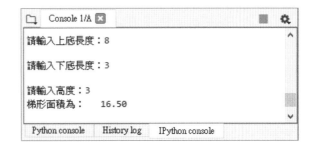

二、參考程式碼

列數	程式碼
1	# 梯形面積計算程式
2	a = float(input('請輸入上底長度：'))
3	b = float(input('請輸入下底長度：'))
4	h = float(input('請輸入高度：'))
5	s = (a + b) * h / 2
6	print('梯形面積為：%8.2f' % (s))

三、程式碼解說

- 第 1 行：使用「#」符號做程式的註解。
- 第 2 行：設定變數 a 來儲存使用者輸入的上底長度，input( )函式讀進來的資料是字串型態，使用 float( )函式強制轉型為浮點數型態。
- 第 3 行：設定變數 b 來儲存使用者輸入的下底長度，input( )函式讀進來的資料是字串型態，使用 float( )函式強制轉型為浮點數型態。
- 第 4 行：設定變數 h 來儲存使用者輸入的高度，input( )函式讀進來的資料是字串型態，使用 float( )函式強制轉型為浮點數型態。
- 第 5 行：計算「(a+b)*h/2」運算式，然後將結果指定給變數 s。
- 第 6 行：使用「%8.2f」格式印出變數 s 的內容。

習題

是非題

(　) 1. 「=+」是 Python 的複合指定運算子。

(　) 2. 一個等號是指定運算子，兩個等號是關係運算子。

(　) 3. Python 語言中的 % 符號是求商數之運算。

(　) 4. 關係運算子比較的結果有兩種情形，條件成立為真（True），條件不成立為偽（False）。

(　) 5. Python 的運算式都是用分號「;」來做結尾的。

選擇題

(　) 1. 兩個等號連在一起是什麼運算子？

  (a) 邏輯運算子　　　　　　　(b) 關係運算子

  (c) 指定運算子　　　　　　　(d) 等於運算子

(　) 2. 下方敘述中的變數都為 int 型態，請問輸出的運算結果為何？

```
a = 1
b = 2
c = 3
Ans = a / b + c / b - (c + c + a) % b
print(Ans)
```

  (a) -1.0　　　　(b) 1.0　　　　(c) 2.0　　　　(d) 3.0

(　) 3. Python 語言的 % 運算子，其意義為何？

  (a) 求商數　　　　　　　　　(b) 求餘數

  (c) 求百分比　　　　　　　　(d) 轉換為百分比格式

(　) 4. 下列哪一個運算子的運算優先順序最高？

  (a) /　　　　(b) ( )　　　　(c) *　　　　(d) +

(　) 5. 請問 divmod (33, 5) 的運算結果為何？

  (a) (5, 2)　　　(b) (5, 3)　　　(c) (6, 2)　　　(d) (6, 3)

( ) 6. 請問下列運算式的運算結果為何？

`(4 * (1 + 2) ** 2 - (1 ** 2) * 3)`

(a) 9　　　　　(b) 18　　　　　(c) 33　　　　　(d) 66

( ) 7. 請問下列關於運算子優先權的高低何者錯誤？

(a) 括弧>負號

(b) 指數>商數

(c) 算術運算子的乘法>算術運算子的加法

(d) 邏輯運算子的 and>邏輯運算子 not

( ) 8. 請問下列程式碼運算的結果何者正確？

```
x = 13
y = 4
print(x // y)
```

(a) 1　　　　　(b) 2　　　　　(c) 3　　　　　(d) 以上皆非

( ) 9. 請問下列程式碼運算的結果何者正確？

```
x = 17
y = 4
print(x % y)
```

(a) 1　　　　　(b) 2　　　　　(c) 3　　　　　(d) 以上皆非

( ) 10. 請問下列程式碼運算的結果何者正確？

```
x = True
y = False
print(x or y)
```

(a) 1　　　　　(b) 0　　　　　(c) True　　　　　(d) False

( ) 11. 請問下列程式碼運算的結果何者正確？

```
a = 30
b = (a >= 20 and a < 50)
print(b)
```

(a) True　　　　　(b) 20　　　　　(c) 50　　　　　(d) False

( ) 12. 請問下列程式碼運算的結果何者正確？

```
print(5 ** 3)
```

(a) 5　　　　　(b) 25　　　　　(c) 125　　　　　(d) 555

（　　）13. 請問下列程式碼運算的結果何者正確？

```
a = 5
b = (a != 5)
print(b)
```

(a) True　　　　　　(b) 5　　　　　　(c) -5　　　　　　(d) False

（　　）14. 請問下列程式碼運算的結果何者正確？

```
a = 2
b = 2
c = 3
Ans = a + b - (a + c * 2) // c
print(Ans)
```

(a) 0　　　　　　(b) 1　　　　　　(c) 2　　　　　　(d) 3

（　　）15. 請問下列程式碼運算的結果何者正確？

```
a = 2
b = 2
c = 3
Ans = (a > c) or (a <= b)
print(Ans)
```

(a) and　　　　　　(b) or　　　　　　(c) False　　　　　　(d) True

（　　）16. 請問下列程式碼運算的結果何者正確？

```
print(bool(0))
```

(a) True　　　　　　(b) False　　　　　　(c) 0　　　　　　(d) 1

流程圖與選擇結構

4-1 流程圖之表示符號

我們現在所使用的程式流程圖（Flow Chart）是在西元 1940 年由 John von Neumann 所訂定的。在進行較複雜的程式設計時，往往會藉由繪製流程圖，來輔助程式的設計。

流程圖表示法就是將解決問題的步驟與邏輯，用各種標準化的符號圖形來表示，這些圖形包括：方塊圖形、橢圓形、線條及箭頭…等。使用流程圖的優點在於讓人較容易了解整個作業流程，易於程式的除錯，也有助於程式的修改與維護，其缺點在於使用標準化的流程圖符號，所以需要一些額外的學習過程，常見的流程圖符號如下表所示。

表：常見的流程圖符號與意義

名稱	符號圖形	意義
開始或結束符號		表示流程的開始或結束。
流程符號	↓	表示程式流程進行的方向。
程序處理符號		表示要進行的處理工作。
輸入或輸出符號		表示資料輸入或結果輸出。
決策判斷符號		根據條件式來判斷程式進行方向。

　　我們用下面的例子來說明，如何使用流程圖幫助我們思考與解決問題。例如：當我們走到十字路口時，需要依據號誌的燈號做判斷動作，以決定是否要過馬路或停下等待。

　　參考的流程圖如下所示，假如在十字路口，遇到「號誌亮綠燈」才可以過馬路，否則就停下等待。當號誌亮綠燈時，條件判斷式為真（True），隨後進入「過馬路」動作，否則，條件判斷式為偽（False），必須進入「停下等待」動作。

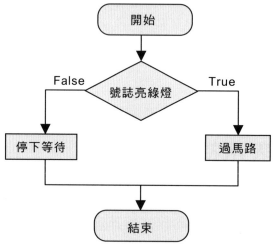

　　如果我們設計一個猜密碼程式，將猜密碼程式以流程圖表示法來繪製，其參考流程圖如圖所示。

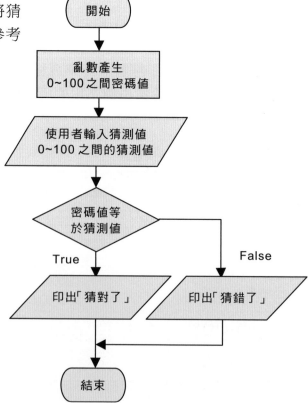

4-2 演算法基本結構

由於電腦只能依照「程式」指示，逐步完成指定的工作，因此在設計程式時，常會將問題分解成許多小步驟，然後再依一定的次序逐步執行，而這個描述問題解決程序的方法便稱做演算法(algorithm)。

在此引用 Horowitz、Sahni 和 Mehta 在《Fundamental of Data Structures in C++》一書對「演算法」的定義：為解決某一問題或完成特定工作，一系列有次序且明確的指令集合，所有演算法都會包含以下特性：

- 輸入(input)：演算法在運算前通常會有一些事先給定的輸入資料，這些資料是由使用者事先給予，或是在演算法的執行步驟中指定，也可以沒有輸入。

- 輸出(output)：演算法的目的就是產生結果，至少要有一項的輸出結果。

- 明確性(definiteness)：每個執行步驟都必須明確而清楚，不可存在模稜兩可的情況。

- 有限性(finiteness)：在任何情況下演算法一定要在有限的步驟內完成，不能無限期執行。

- 有效性(effectiveness)：演算法所描述的執行過程，都必須是可以執行的步驟。

演算法有三種基本的控制流程結構，包括：循序結構、選擇結構與重複結構。循序結構敘述的執行順序與程式敘述出現的次序相同，選擇結構敘述可以分為單選、複選或多選等類型，重複結構敘述會重複執行指定的程式區段，如圖所示。

基本結構名稱	流程圖表示法
循序結構	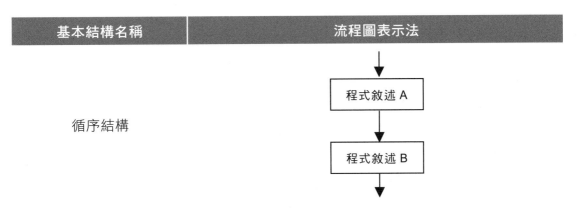

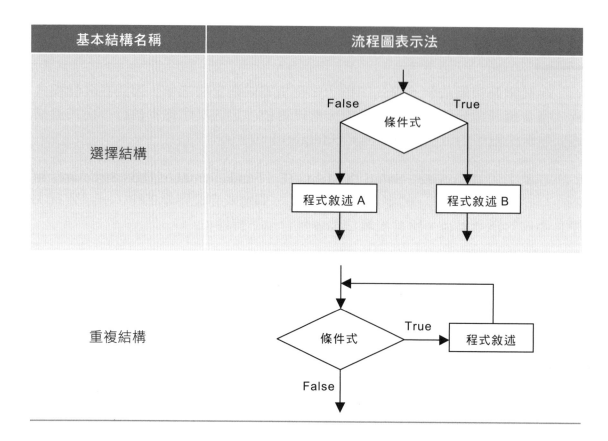

基本結構名稱	流程圖表示法
選擇結構	
重複結構	

　　基本上，當我們在進行電腦解題設計演算法時，會運用到這 3 種控制流程結構，善用演算法的基本結構，會讓我們的程式之可讀性較高，也較易於修改與維護，重複結構我們將在下一章進行說明。

4-3 選擇結構之 if 敘述

　　選擇結構會依據條件式的成立與否，決定程式循序執行的程式區塊，透過 if 敘述的使用，我們就可以設計具有判斷能力的程式。在 Python 的條件式之後，需搭配冒號「:」，並且將其下方的程式區塊做縮排。其使用的語法如下：

```
if(條件式):
    程式區塊
```

　　在 Python 中的縮排作法，通常是用 4 個空白字元，最方便的方式就是使用「Tab 鍵」來進行程式區塊的縮排，在冒號之下的同一層縮排，視為同一個程式區塊。

if 敘述的流程圖表示法如下：

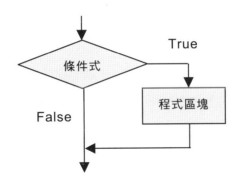

程式範例：奇偶數判斷程式

📋 參考檔案：4-3-1.py　　　　　　　　📝 學習重點：熟悉 if 敘述的使用

一、程式設計目標

程式會判斷使用者輸入的數字，是奇數或是偶數。

下圖為使用者輸入「22」的執行結果，程式會回應「數字 22 是偶數」。

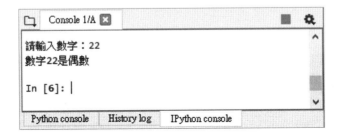

下圖為使用者輸入「33」的執行結果，程式會回應「數字 33 是奇數」。

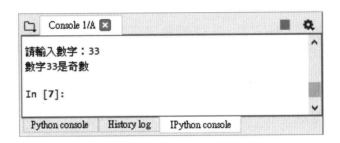

二、參考程式碼

列數	程式碼
1	# 奇偶數判斷程式
2	num = int(input('請輸入數字：'))
3	if(num % 2 == 0):
4	print('數字%d 是偶數' % (num))
5	if(num % 2 != 0):
6	print('數字%d 是奇數' % (num))

三、程式碼解說

- 第 1 行：使用「#」符號做程式的註解。

- 第 2 行：使用 input( )輸入函式並設定變數 num 來儲存使用者輸入的數字，讀進來的資料是字串型態，使用 int( )函式強制轉型為整數型態。

- 第 3 行：使用 if 敘述搭配求餘數「%」算術運算子，如果對「2」取餘數的結果等於「==」0，代表變數 num 是 2 的倍數，也就是偶數。

- 第 4 行：使用 print( )函式印出「數字 num 是偶數」的結果。

- 第 5 行：使用 if 敘述搭配求餘數「%」算術運算子，如果對「2」取餘數的結果不等於「!=」0，代表變數 num 不是 2 的倍數，也就是奇數。

- 第 6 行：使用 print( )函式印出「數字 num 是奇數」的結果。

程式範例：2 位數的十進位與個位數判斷程式

📝 參考檔案：4-3-2.py　　　　　　　　　　✏️ 學習重點：熟悉 if 敘述的使用

一、程式設計目標

程式會判斷使用者輸入的 2 位數數字，其十位數與個位數分別是哪一個數字。

下圖為使用者輸入「35」的執行結果，程式會回應「數字 35 的十位數是 3」與「數字 35 的個位數是 5」。

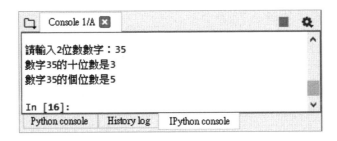

下圖為使用者輸入「100」的執行結果，程式沒有回應。

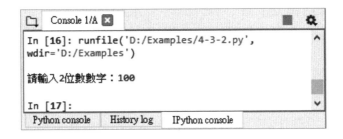

二、參考程式碼

列數	程式碼
1	# 2 位數的十進位與個位數判斷程式
2	num = int(input('請輸入 2 位數數字：'))
3	if(num >= 10 and num < 100):
4	print('數字%d 的十位數是%d' % (num, num // 10))
5	print('數字%d 的個位數是%d' % (num, num % 10))

三、程式碼解說

- 第 1 行：使用「#」符號做程式的註解。

- 第 2 行：使用 input( )輸入函式並設定變數 num 來儲存使用者輸入的 2 位數數字，讀進來的資料是字串型態，使用 int( )函式強制轉型為整數型態。

- 第 3 行：使用 if 敘述搭配邏輯運算子「and」，如果條件式「num>=10 and num<100」成立，則會進入第 4、5 行的敘述。

- 第 4 行：使用 print( )函式印出數字 num 的十位數結果，使用商數運算。

- 第 5 行：使用 print( )函式印出數字 num 的個位數結果，使用餘數運算。

TIPs 縮排的程式區塊

在 Python 語言中，if 敘述冒號「:」之下之程式敘述，相同的縮排位置視為同一個程式區塊，因此在前一個程式範例中，當第 3 行的條件式成立時，第 4 行與第 5 行程式敘述會一起執行。此部分的作法與其他程式語言（如：C、C++、Java 等），使用大括號「{」與「}」來含括程式區塊的方式有所不同。

4-4 選擇結構之 if…else…敘述

選擇結構之 if 敘述，進行單向的判斷，條件成立則執行其中的程式區塊，條件不成立，則執行 if 敘述後方的敘述。選擇結構之 if…else…敘述是雙向的判斷，如果條件式成立則執行程式區塊內的程式；如果條件不成立，則執行另一個程式區塊，其使用語法如下：

```
if(條件式):
    程式區塊1
else:
    程式區塊2
```

在 if…else…敘述中，「程式區塊 1」或「程式區塊 2」一定會執行某個區塊，執行哪一個區塊依條件式成立與否來決定。如果條件式成立，則會執行「程式區塊 1」；否則會執行「程式區塊 2」。

if…else…敘述的流程圖表示法如下：

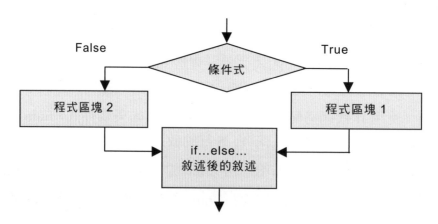

TIPs 雙向判斷的使用

上一節我們所設計的奇偶數判斷程式，由於大於 0 的數字只有奇數或偶數兩種情況，所以我們可以將 if…敘述寫法的程式碼，改寫為 if…else…敘述的程式結構，改寫後的程式碼如下：

```python
num = int(input('請輸入數字：'))
if(num % 2 == 0):
    print('數字%d 是偶數' % (num))
else:
    print('數字%d 是奇數' % (num))
```

程式範例：紫外線指數判斷程式

📑 參考檔案：4-4-1.py　　　　✏️ 學習重點：熟悉 if…else…敘述的使用

一、程式設計目標

下圖為氣象局的紫外線指數分級說明，「6～7」是高量級，「8」以上就是過量級到危險級了。

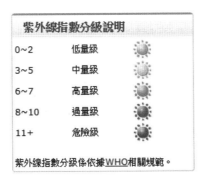

當使用者輸入大於等於「8」的數值時，會提醒使用者需要進行防曬措施，下圖為使用者輸入「8」的執行結果。

　　當使用者輸入未達「8」的數值時，會顯示「今日的紫外線指數未過量。」的訊息，下圖為使用者輸入「3」的執行結果。

二、參考程式碼

列數	程式碼
1	# 紫外線指數判斷程式
2	num = int(input('請輸入今日的紫外線指數（0～11+）：'))
3	if(num >= 8):
4	print('今日的紫外線指數過量，請小心防曬！')
5	else:
6	print('今日的紫外線指數未過量。')

三、程式碼解說

- 第 1 行：使用「#」符號做程式的註解。

- 第 2 行：使用 input( )輸入函式並設定變數 num 來儲存使用者輸入的紫外線指數，讀進來的資料是字串型態，使用 int( )函式強制轉型為整數型態。

- 第 3 行：if…else…敘述的 if 部分，判斷條件式「num>=8」是否成立，如果成立則會進入第 4 行敘述，如果不成立則會進入第 6 行敘述。

- 第 4 行：使用 print( )函式印出「今日的紫外線指數過量，請小心防曬！」警語。

- 第 5 行：if…else…敘述的 else 部分。

- 第 6 行：使用 print( )函式印出「今日的紫外線指數未過量。」文字。

4-5 選擇結構之 if…elif…else…敘述

選擇結構之 if…elif…else…敘述，會根據不同的條件判斷式，一一判斷要進入哪一個程式區塊，主要使用於多重條件的判斷，其使用語法如下：

```
if(條件式1):
    程式區塊1
elif(條件式2):
    程式區塊2
……
elif(條件式N):
    程式區塊N
else:
    程式區塊N+1
```

if…elif…else…敘述的流程圖表示法如下：

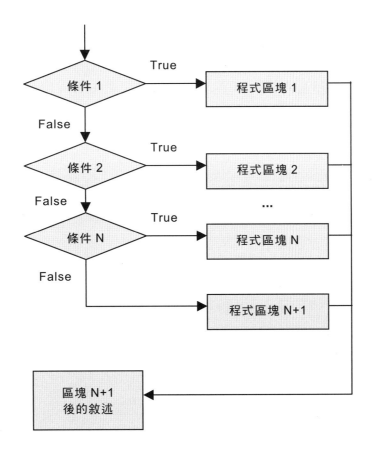

程式範例：成績區間判斷程式

📄 參考檔案：4-5-1.py　　　📝 學習重點：熟悉 if…elif…else…敘述的使用

一、程式設計目標

讓使用者輸入成績，並判斷出其等第為何？90 分以上為優等，80 分到未滿 90 分之間為甲等，70 分到未滿 80 分之間為乙等，60 分到未滿 70 分之間為丙等，未滿 60 分為不及格。

下圖為輸入「95」的執行結果，程式會告知使用者「您為優等」。

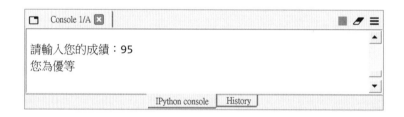

下圖為輸入「55」的執行結果，程式會告知使用者「您的成績不及格」。

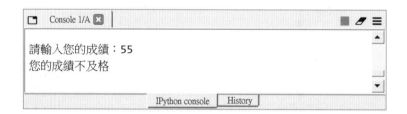

二、參考程式碼

列數	程式碼
1	# 成績區間判斷程式
2	score = int(input('請輸入您的成績：'))
3	if(score >= 90):　# 是否為 90 分以上
4	print('您為優等')
5	elif(score >= 80):　# 小於 90 但 80 以上
6	print('您為甲等')
7	elif(score >= 70):　# 小於 80 但 70 以上
8	print('您為乙等')
9	elif(score >= 60):　# 小於 70 但 60 以上
10	print('您為丙等')

```
11    else:  # 小於60分
12        print('您的成績不及格')
```

三、程式碼解說

- 第 1 行：使用「#」符號做程式的註解。

- 第 2 行：使用 input( )輸入函式並設定變數 score 來儲存使用者輸入的成績，讀進來的資料是字串型態，使用 int( )函式強制轉型為整數型態。

- 第 3 行：if⋯elif⋯else⋯敘述的 if 部分，判斷條件式「score >= 90」是否成立，如果成立則會進入第 4 行敘述，如果不成立則會進入第 5 行敘述。

- 第 4 行：使用 print( ) 函式印出「您為優等」文字。

- 第 5 行：if⋯elif⋯else⋯敘述的 elif 部分，判斷條件式「score >= 80」是否成立，如果成立則會進入第 6 行敘述，如果不成立則會進入第 7 行敘述。

- 第 6 行：使用 print( )函式印出「您為甲等」文字。

- 第 7 行：if⋯elif⋯else⋯敘述的 elif 部分，判斷條件式「score >= 70」是否成立，如果成立則會進入第 8 行敘述，如果不成立則會進入第 9 行敘述。

- 第 8 行：使用 print( )函式印出「您為乙等」文字。

- 第 9 行：if⋯elif⋯else⋯敘述的 elif 部分，判斷條件式「score >= 60」是否成立，如果成立則會進入第 10 行敘述，如果不成立則會進入第 11 行敘述。

- 第 10 行：使用 print( )函式印出「您為丙等」文字。

- 第 11 行：if⋯elif⋯else⋯敘述的 else 判斷部分。

- 第 12 行：使用 print( )函式印出「您的成績不及格」文字。

4-6 選擇結構之巢狀 if

所謂巢狀（Nested）選擇控制結構，就是選擇結構內還有選擇結構，例如先使用一個 if⋯else⋯結構，其中再包含另一個 if⋯else⋯結構，這樣的結構就稱為巢狀 if 選擇結構，有時也稱為多層次的 if 敘述，其使用的參考語法如下：

```
if(條件式 1):
    if(條件式 2):
        程式區塊 1
    else:
        程式區塊 2
else:
    if(條件式 3):
        程式區塊 3
    else:
        程式區塊 4
```

巢狀 if…else…敘述的流程圖表示法如下：

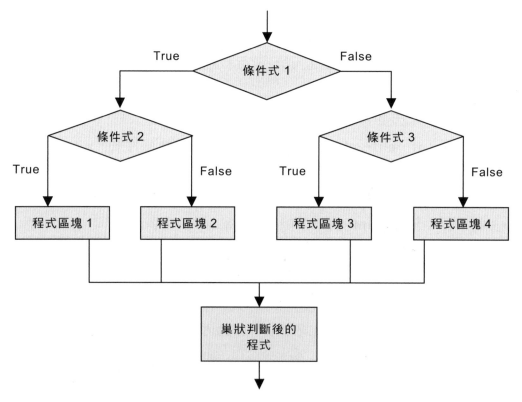

若符合條件式 1，則進入其後的敘述。

若符合條件式 1 且符合條件式 2，則執行程式區塊 1。

若符合條件式 1 但不符合條件式 2，則執行程式區塊 2。

若不符合條件式 1，則進入其後的敘述。

若不符合條件式 1 但符合條件式 3，則執行程式區塊 3。

若不符合條件式 1 且不符合條件式 3，則執行程式區塊 4。

程式範例：閏年判斷程式

📋 參考檔案：4-6-1.py　　　　　✏️ 學習重點：熟悉巢狀 if…else…敘述的使用

一、程式設計目標

本範例希望設計一個閏年判斷程式，依據使用者輸入的西元年份，判斷該年是否為閏年。以下為閏年判斷公式：

> 若西元末兩位不為 00，且為 4 的倍數，則該年為閏年，其餘不為閏年。
> 若西元末兩位為 00，且可被 400 整除者，則該年為閏年，其餘不為閏年。
> 判斷口訣：四年一閏，百年不閏，四百年又閏。

如果輸入西元年份「212」，會得到「西元 212 年為閏年」，因為末兩位不為 00，且為 4 的倍數。

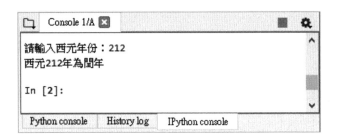

如果輸入西元年份「1600」，會得到「西元 1600 年為閏年」，因為末兩位為 00，且可被 400 整除。

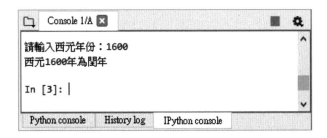

　　如果輸入西元年份「2100」，會得到「西元 2100 年不為閏年」，因為末兩位為 00，但不可被 400 整除。

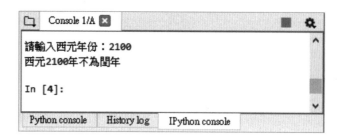

　　如果輸入西元年份「1943」，會得到「西元 1943 年不為閏年」，因為末兩位不為 00，且不為 4 的倍數。

二、參考程式碼

列數	程式碼
1	# 閏年判斷程式
2	year = int(input('請輸入西元年份：'))
3	if(year % 100 != 0): # 不可被100 整除
4	if(year % 4 == 0): # 被4 整除
5	print('西元%d 年為閏年' % (year))
6	else:
7	print('西元%d 年不為閏年' % (year))
8	else:
9	if(year % 400 == 0): # 被100 及400 整除
10	print('西元%d 年為閏年' % (year))
11	else:
12	print('西元%d 年不為閏年' % (year))

三、程式碼解說

- 第 1 行：使用「#」符號做程式的註解。

- 第 2 行：使用 input( ) 輸入函式並設定變數 year 來儲存使用者輸入的西元年份，讀進來的資料是字串型態，使用 int( ) 函式強制轉型為整數型態。

- 第 3～7 行：外層 if…else…敘述的 if 部分，判斷條件式「year%100!=0」是否成立，如果成立（該數不為 100 的倍數）則會進入第 4 行敘述，如果不成立（該數為 100 的倍數）則會進入第 9 行敘述。

- 第 4 行：內層 if…else…敘述的 if 部分，判斷條件式「year%4==0」是否成立，如果成立（該數為 4 的倍數）則會進入第 5 行敘述，如果不成立（該數不為 4 的倍數）則會進入第 7 行敘述。

- 第 8～12 行：外層 if…else…敘述的 else 部分。

- 第 9 行：內層 if…else…敘述的 if 部分，判斷條件式「year%400==0」是否成立，如果成立（該數為 400 的倍數）則會進入第 10 行敘述，如果不成立（該數不為 400 的倍數）則會進入第 12 行敘述。

4-7 程式練習

練習題 1：百貨公司週年慶打折程式

📄 參考檔案：4-7-1.py　　　　　　　✍ 學習重點：熟悉 if 敘述的使用

一、程式設計目標

　　豪慷慨百貨公司週年慶，公司決定消費超過 2000 元的顧客就打 7 折，來增加買氣，請幫該公司寫出一個收銀台程式，輸入顧客購買總金額後，計算顧客實際需付的錢。

　　下圖為輸入「6999」的執行結果，輸出「打折後需付 4899」文字。

下圖為輸入「999」的執行結果，因未達打折標準，輸出「打折後需付 999」文字。

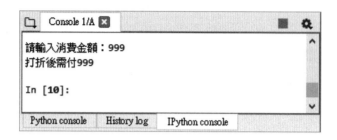

二、參考程式碼

列數	程式碼
1	# 百貨公司週年慶打折程式
2	money = int(input('請輸入消費金額：'))
3	if(money > 2000):
4	money *= 0.7
5	print('打折後需付%d' % (money))

三、程式碼解說

- 第 3 行：使用 if 敘述判斷條件式「money > 2000」是否成立，如果成立（該數超過 2000）則會進入第 4 行敘述，如果不成立（該數未超過 2000）則會進入第 5 行敘述。
- 第 4 行：使用複合指定運算子「*=」來計算 7 折的價格。

練習題 2：單位轉換程式

📄 參考檔案：4-7-2.py   📝 學習重點：熟悉 if…elif…else…敘述的使用

一、程式設計目標

1 公尺= 3.28 英呎，1 公斤= 2.2 英磅，請寫出一個可讓使用者選擇要轉換哪一單位的程式。

下圖為輸入「1」後，選擇公尺轉英吋運算後，再輸入「50」的執行結果。

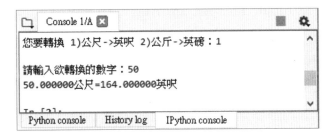

下圖為輸入「2」後，選擇公斤轉英磅運算後，再輸入「3.5」的執行結果。

下圖為輸入「3」後，程式回應「沒有這個選項」。

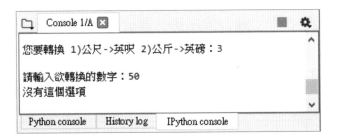

二、參考程式碼

列數	程式碼
1	# 單位轉換程式
2	Set = input('您要轉換 1)公尺->英吋 2)公斤->英磅：')
3	num = float(input('請輸入欲轉換的數字：'))　# 輸入欲轉換的數字
4	if(Set == '1'):
5	print('%f 公尺=%f 英吋' % (num, num*3.28))
6	elif(Set == '2'):
7	print('%f 公斤=%f 英磅' % (num, num*2.2))
8	else:
9	print('沒有這個選項')

三、程式碼解說

- 第 2 行：使用 input( )函式讀入使用者的換算選擇。

- 第 4、5 行：使用 if…elif…else…敘述判斷條件式「Set=='1'」是否成立，如果成立則會進入第 5 行敘述，印出公尺轉換成英吋的結果，如果不成立則會進入第 6 行敘述。

- 第 6、7 行：判斷條件式「Set=='2'」是否成立，如果成立則會進入第 7 行敘述，印出公斤轉換成英磅的結果，如果不成立則會進入第 8 行敘述。

- 第 8、9 行：處理另外的情況，當使用者輸入「1」或「2」以外的資料時，會告訴使用者「沒有這個選項」。

練習題 3：季節判斷程式

📄 參考檔案：4-7-3.py　　　📝 學習重點：熟悉 if…elif…else…敘述的使用

一、程式設計目標

我們都知道一年有四季，分別是春（3～5 月）、夏（6～8 月）、秋（9～11 月）、冬（12～2 月），請寫一個程式判斷輸入的月份是什麼季節。

如果輸入「2」，程式會回應「2 月是冬天」，執行結果如下圖所示。

如果輸入「13」，程式會回應「不合格式的月份！」，執行結果如圖所示。

二、參考程式碼

列數	程式碼
1	# 季節判斷程式
2	month = input('請以數字輸入月份：')
3	if(month == '3' or month == '4' or month == '5'):
4	print('%s 月是春天' % (month))
5	elif(month == '6' or month == '7' or month == '8'):
6	print('%s 月是夏天' % (month))
7	elif(month == '9' or month == '10' or month == '11'):
8	print('%s 月是秋天' % (month))
9	elif(month == '12' or month == '1' or month == '2'):
10	print('%s 月是冬天' % (month))
11	else:
12	print('不合格式的月份！')

三、程式碼解說

- 第 2 行：使用 input( )函式讀入使用者輸入的月份。

- 第 3、4 行：使用 if…elif…else…敘述判斷條件式「month=='3' or month=='4' or month=='5'」是否成立，如果成立則會進入第 4 行敘述，如果不成立則會進入第 5 行敘述。

- 第 5、6 行：判斷條件式「month=='6' or month=='7' or month=='8'」是否成立，如果成立則會進入第 6 行敘述，如果不成立則會進入第 7 行敘述。

- 第 7、8 行：判斷條件式「month=='9' or month=='10' or month=='11'」是否成立，如果成立則會進入第 8 行敘述，如果不成立則會進入第 9 行敘述。

- 第 9、10 行：判斷條件式「month=='12' or month=='1' or month=='2'」是否成立，如果成立則會進入第 10 行敘述，如果不成立則會進入第 11 行敘述。

- 第 11、12 行：處理另外的情況，當使用者輸入不合格式的資料時，會告訴使用者「不合格式的月份！」。

練習題 4：購物計費程式

📄 參考檔案：4-7-4.py　　　　　　📝 學習重點：熟悉 if…else…敘述的使用

一、程式設計目標

　　獵人 Jason 哥拿錢去便利商店買得意的一天葵花油、愛之味山藥麵筋、熊寶貝衣物香氛袋等個數不等的商品，請問他剩下多少錢？

　　價目表如下：

商品名稱	售價（元）
得意的一天葵花油	199
愛之味山藥麵筋	23
熊寶貝衣物香氛袋	85

　　下圖為輸入「500」和「1　2　2」的執行結果。

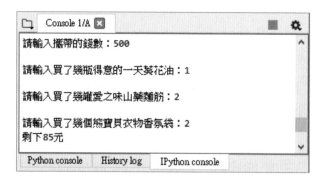

　　下圖為輸入「300」和「1　2　3」的執行結果。

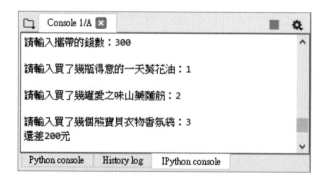

二、參考程式碼

列數	程式碼
1	# 購物計費程式
2	money = int(input('請輸入攜帶的錢數：'))
3	p1 = int(input('請輸入買了幾瓶得意的一天葵花油：'))
4	p2 = int(input('請輸入買了幾罐愛之味山藥麵筋：'))
5	p3 = int(input('請輸入買了幾個熊寶貝衣物香氛袋：'))
6	total = p1*199+p2*23+p3*85 # 計算購買的商品總價
7	if(money >= total): # 判斷是否有足夠的錢數
8	print('剩下%d 元' % (money-total)) # 擁有錢 >= 所需錢
9	else:
10	print('還差%d 元' % (total-money)) # 擁有錢 < 所需錢

三、程式碼解說

- 第 2~5 行：輸入所攜帶的錢數及商品個數，錢數存入整數變數 money，商品數分別存入整數變數 p1、p2、p3。

- 第 6 行：計算購買的商品總價，將各個商品的數量乘以價格後加總，存入 total 變數中。

- 第 7～10 行：判斷是否有足夠的錢數，將所帶的錢 money 和消費總價 total 做比較，印出會「剩下多少錢」或「還差多少錢」。

練習題 5：多段式百貨打折程式

📄 參考檔案：4-7-5.py   ✏️ 學習重點：熟悉 if…elif…敘述的使用

一、程式設計目標

　　豪慷慨百貨公司週年慶的打折策略，吸引許多客人上門，因此公司決定再回饋客戶，當客戶消費超過 2000 元（不含 2000 元）時打 7 折，消費超過 5000 元（不含 5000 元）時打 6 折，消費超過 10000 元（不含 10000 元）時打 55 折，請幫該公司寫出一個新的收銀台程式，輸入顧客購買總金額後，計算顧客實際需付的錢。

右圖為輸入「12000」的執行結果，實需付 6600 元。

二、參考程式碼

列數	程式碼
1	# 購物計費程式
2	money = float(input('請輸入購買的金額：'))
3	if(money > 10000):
4	money *= 0.55
5	elif(money > 5000):
6	money *= 0.6
7	elif(money > 2000):
8	money *= 0.7
9	print('實需付%.0f 元' % (money))

三、程式碼解說

- 第 2 行：使用 input( )函式讀入使用者消費的金額，存入 money 變數中。
- 第 3～8 行：使用 if…elif…敘述，來做消費金額的折扣計算。
- 第 3、4 行：處理消費金額大於 10000 元的情況，打 55 折。
- 第 5、6 行：處理消費金額大於 5000，但小於等於 10000 的情況，打 6 折。
- 第 7、8 行：處理消費金額大於 2000，但小於等於 5000 的情況，打 7 折。
- 第 9 行：印出計算後的結果。

練習題 6：字元類型判斷程式

📄 參考檔案：4-7-6.py　　　　　　　✏️ 學習重點：熟悉 ASCII 碼的使用

一、程式設計目標

請寫一個程式，接受一個字元的輸入，判斷該字元為大寫英文字母、小寫英文字母、阿拉伯數字或以上皆非。

右圖為輸入「6」的執行結果。

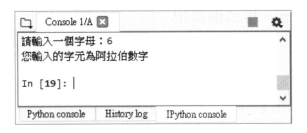

右圖為輸入「A」的執行結果。

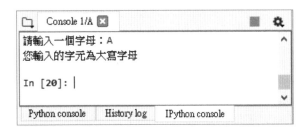

右圖為輸入「b」的執行結果。

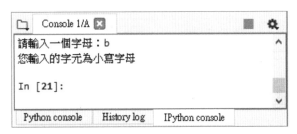

右圖為輸入「！」的執行結果，程式會回應「您輸入的字元不為小寫字母、大寫字母或阿拉伯數字喔！」。

二、參考程式碼

列數	程式碼
1	# 字元類型判斷程式
2	ch = input('請輸入一個字母：')
3	if(ch >= 'a' and ch <= 'z'):
4	print('您輸入的字元為小寫字母')
5	elif(ch >= 'A' and ch <= 'Z'):
6	print('您輸入的字元為大寫字母')
7	elif(ch >= '0' and ch <= '9'):
8	print('您輸入的字元為阿拉伯數字')
9	else:
10	print('您輸入的字元不為小寫字母、大寫字母或阿拉伯數字喔！')

三、程式碼解說

- 第 2 行：使用 input( ) 函式讀入使用者數入的字元，存入變數 ch 中。
- 第 3～8 行：在 ASCII 碼中，大小寫字母及數字為連續的。
- 第 3、4 行：處理小寫字母的情況。
- 第 5、5 行：處理大寫字母的情況。
- 第 7、8 行：處理阿拉伯數字的情況。
- 第 9 行：處理例外的狀況，當使用者輸入的字母不為小寫字母、大寫字母或阿拉伯數字時，會顯示提示文字。

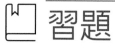 習題

選擇題

(　)1. 下列何者不是流程圖的優點？

  (a) 易於程式的除錯

  (b) 讓人較容易了解整個作業流程

  (c) 不適合應用在大型程式的開發

  (d) 有助於程式的修改與維護

(　)2. 請問在流程圖中，「程序處理」動作所使用的符號為下列何者？

  (a) 　　　　(b)

  (c) 　　　　(d)

(　)3. 如果 a 的值為 2，則執行下列程式後 a 為多少？

```
if(a == 3):
    a = 3
    a = 4
```

  (a) 2　　　　　　　　(b) 3

  (c) 4　　　　　　　　(d) 5

（　）4. 如果 a 的值為 2，則執行下列程式後 a 為多少？

```
if(a == 3):
    a = 3
else:
    a = 4
```

(a) 2　　　　　　　　　　(b) 3

(c) 4　　　　　　　　　　(d) 5

（　）5. Python 語言的縮排慣用幾個字元？

(a) 1　　　　　　　　　　(b) 2

(c) 3　　　　　　　　　　(d) 4

（　）6. 當使用者輸入的分數 score 大於等於 90 的判斷程式碼是下列何者？

(a) if score <= 90:　　　　(b) if score >= 90:

(c) elif score >= 91:　　　　(d) 以上皆非

（　）7. 條件式「7 歲以上的在學學生」之判斷程式碼是下列何者？

(a) if (age >= 7 or school == False):

(b) if (age >= 7 and school == True):

(c) if (age >= 7 or school == True):

(d) if (age >= 7 and school == False):

（　）8. 在 Python 的 if 條件式之後，需搭配何種符號？

(a) 句號（。）　　　　　　(b) 冒號（：）

(c) 分號（；）　　　　　　(d) 無

（　）9. Python 的選擇結構 if…elif…else…敘述，如果條件式判斷都不滿足，會執行哪一個敘述區塊？

(a) if　　　　　　　　　　(b) elif

(c) else　　　　　　　　　(d) 以上皆非

（　）10. 下列程式碼執行後，會輸出何種結果？

```
score = 101
if(score >= 90):
    print('A')
elif(score >= 80):
    print('B')
elif(score >= 60):
    print('D')
else:
    print('F')
```

(a) A　　　　　　(b) B　　　　　　(c) D　　　　　　(d) F

（　）11. 下列程式碼執行後，會輸出何種結果？

```
a = 5
if(a >= 5):
    a = 'A'
    print(a)
elif(a < 5 and a > 0):
    a = 'B'
    print(a)
else:
    a = 'C'
    print(a)
```

(a) A　　　　　　(b) B　　　　　　(c) C　　　　　　(d) 5

（　）12. 下列程式碼執行後，會輸出何種結果？

```
a = 3000
if(a >= 5000):
    print(a * 0.9)
elif(a > 2000):
    print(a * 0.8)
else:
    print(a)
```

(a) 3000.0　　　　　　　　(b) 2700.0

(c) 2400.0　　　　　　　　(d) 2000.0

（　）13. 當 score 為 87，rank 為 2 時，下列程式碼執行後，會輸出何種結果？

```
if(score >= 80 and rank >= 3):
    print('A')
elif(score >= 70 and rank >= 2):
    print('B')
elif(score >= 60 and rank >= 1):
    print('C')
else:
    print('D')
```

(a) A　　　　　　(b) B　　　　　　(c) C　　　　　　(d) D

（　）14. 當 score 為 65，rank 為 2 時，下列程式碼執行後，會輸出何種結果？

```
if(score >= 80 or rank >= 3):
    print('A')
elif(score >= 70 or rank >= 2):
    print('B')
elif(score >= 60 or rank >= 1):
    print('C')
else:
    print('D')
```

(a) A　　　　　　(b) B　　　　　　(c) C　　　　　　(d) D

（　）15. 下列程式碼執行後，會輸出何種結果？

```
money = 15000
if(money > 10000):
    money *= 0.5
elif(money > 5000):
    money *= 0.6
elif(money > 2000):
    money *= 0.7
print('%.0f' % (money))
```

(a) 15000　　　　　　　　　　(b) 10000

(c) 7500　　　　　　　　　　(d) 5000

問答題

1. 請說明流程圖的優點、符號與意義。

2. 請說明演算法的定義與特性。

3. 請說明 if 敘述的意涵、語法與流程圖。

迴圈

　　若我們要用 print( )函式來顯示 100 次 Hello，一列一列的寫，將會需要 100
列的「print(' Hello')」程式敘述，這樣的程式實在太過繁雜且撰寫耗時，幸好
Python 語言提供了迴圈（Loop），可以簡化重複動作的撰寫，只要幾行的程式
碼，就可顯示 100 次的 Hello。

　　迴圈的重複結構使得程式語言更具威力，且善用了電腦的好處，可以不厭
其煩的重複執行特定程式敘述，以完成指定的動作。迴圈就像是一條圓型的道
路，從原點開始走，走一圈會回到原點，當回到原點時，可以依條件選擇要不
要繼續走，或是完成指定的重複次數。

5-1　迴圈結構之 for 敘述

　　for 迴圈會依序走訪序列（Sequence）內的元素（Item），直到序列結束為
止，其基本語法如下：

```
for 變數名稱 in 序列:
    for 的程式區塊
```

　　請參考程式範例：

```
word = 'Happy'
for x in word:
    print(x)
```

此例中 for 迴圈的序列為字串「Happy」，以變數「x」依序走訪序列內的元素，每次執行迴圈，就印出變數「x」的內容，也就是「H」、「a」、「p」、「p」、「y」，該 for 迴圈會執行 5 次，其輸出結果如下：

for 迴圈的流程圖表示法如下：

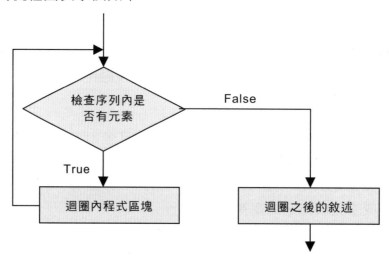

迴圈可以重複執行程式敘述，藉由執行次數的控制，可以完成我們需要的運算，更可以設計許多較為複雜的程式，for 迴圈常搭配 range( )函式來使用，其基本語法如下：

```
for 變數名稱 in range(參數):
    for 的程式區塊
```

range( )函式主要用來建立整數序列，總共有 3 個參數，其起始值與增減值為非必備參數，使用格式如下：

```
range ([起始值], 終止值[, 增減值])
```

- 起始值：此為非必備參數，其預設值為 0。
- 終止值：此為必備參數。

- 增減值：此為非必備參數，其預設值為 1。

請參考 range( )函式的範例：

- range (6)：起始值參數為空，其預設值為 0；終止值為 6；其增減值參數為空，預設值為 1，故其 range( )範圍為索引值 0、1、2、3、4、5 共 6 個元素，索引值 6 不包括在內。

- range (1, 11)：起始值參數為 1；終止值為 11；其增減值參數為空，預設值為 1，故其 range( )範圍為索引值 1、2、3、4、5、6、7、8、9、10 共 10 個元素，索引值 11 不包括在內。

- range (3, 10, 2)：起始值參數為 3；終止值為 10；其增減值為 2，故其 range( ) 範圍為索引值 3、5、7、9 共 4 個元素，索引值 10 不包括在內。

請參考 for 迴圈搭配 range( )函式的程式範例：

```python
for x in range (1, 11, 2):    #以增值2來產生整數序列
    print(x, end=' ')
```

for 迴圈搭配使用 range ()函式，起始值為 1，終止值為 11，增減值為 2，輸出時每個項目之間間隔一個空格，for 迴圈會執行 5 次，其輸出結果如下：

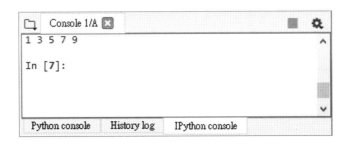

程式範例：連續印出字串程式

📄 參考檔案：5-1-1.py　　　　　　　✏️ 學習重點：熟悉 for 迴圈的使用

一、程式設計目標

運用 for 迴圈，寫出一個程式，連續印出 5 次「Loop is fun!」，並在輸出內容的前方加上序號，執行結果如圖所示。

二、參考程式碼

列數	程式碼
1	*# 連續印出字串的範例*
2	*for x in range(5):*
3	* print('%d.Loop is fun!' % (x+1))*

三、程式碼解說

- 第 2～3 行：for 迴圈搭配 range( )函式，設定終止值為 5，因此索引值範圍為 0~4，此處將迴圈變數值加 1，以利序號的計數。for 迴圈共執行 5 次，因此 print( )函式會列印 5 次「Loop is fun!」字串。

程式範例：累加程式 1+2+…+10

📄 參考檔案：5-1-2.py　　　　　　　　✏️ 學習重點：熟悉 for 迴圈的使用

一、程式設計目標

運用 for 迴圈，寫出一個程式，計算 1+2+…+10 的結果，其中間的累加過程會一併顯示出來，其執行結果如下圖所示。

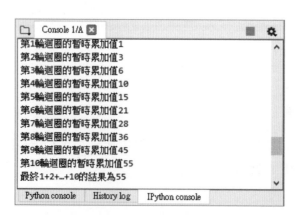

二、參考程式碼

列數	程式碼
1	*# 累加程式*
2	*Sum = 0 # 將變數 Sum 的初值設為 0*
3	*for i in range(1, 11):*
4	* Sum = Sum + i # 將 Sum 的值再加上 i 的值*
5	* print('第%d 輪迴圈的暫時累加值%d' % (i, Sum))*
6	*print('最終 1+2+…+10 的結果為%d' % (Sum)) # 印出 Sum 的值*

三、程式碼解說

- 第 2 行：宣告變數 Sum，並將變數 Sum 的初值設為 0。

- 第 3~5 行：for 迴圈的起始值設為 1，終止值為 11，其索引值為 1~10，使用「Sum = Sum + i」敘述來累加各個索引值。

- 第 6 行：使用 print( )函式印出 1+2+…+10 的最終計算結果。

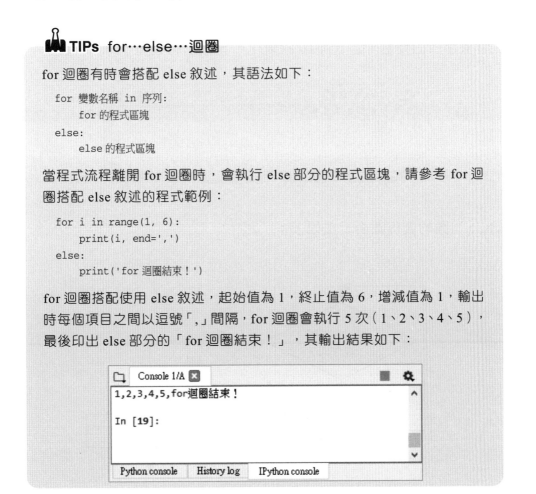

TIPs for…else…迴圈

for 迴圈有時會搭配 else 敘述，其語法如下：

```
for 變數名稱 in 序列:
    for 的程式區塊
else:
    else 的程式區塊
```

當程式流程離開 for 迴圈時，會執行 else 部分的程式區塊，請參考 for 迴圈搭配 else 敘述的程式範例：

```
for i in range(1, 6):
    print(i, end=',')
else:
    print('for 迴圈結束！')
```

for 迴圈搭配使用 else 敘述，起始值為 1，終止值為 6，增減值為 1，輸出時每個項目之間以逗號「,」間隔，for 迴圈會執行 5 次（1、2、3、4、5），最後印出 else 部分的「for 迴圈結束！」，其輸出結果如下：

```
Console 1/A ☒                          ■ ✿
1,2,3,4,5,for迴圈結束！

In [19]:

Python console   History log   IPython console
```

5-2 迴圈結構之 while 敘述

　　while 迴圈的結構與 for 迴圈相似，while 迴圈會先檢查條件式是否成立，條件式成立，則進入 while 迴圈的程式區塊，如條件式不成立，則離開 while 迴圈，其基本語法如下：

```
while(條件式):
    while 迴圈程式區塊
```

　　請參考程式範例：

```
i = 1
while(i <= 10):
    print(i, end=' ')
    i += 1
```

　　while 迴圈的條件式為「i<=10」，當 i 值小於等於 10 時，條件式成立，故會持續在迴圈內執行；當 i 值超過 10 時，條件式不成立，故會離開迴圈，因此該程式會依序印出變數 i 從 1 到 10 的變化，其輸出結果如下：

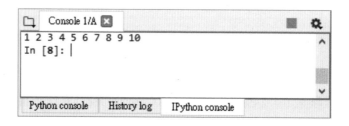

　　while 迴圈的流程圖表示法如下：

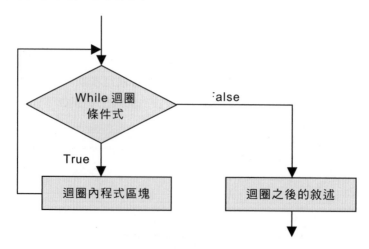

運用 while 迴圈時要注意迴圈的跳出條件，萬一在條件設定上有問題，可能會形成無窮迴圈，造成程式不斷執行迴圈裡的程式區塊。

程式範例：累加程式 1+3+5+…+99

📄 參考檔案：5-2-1.py　　　　　　　✍ 學習重點：熟悉 while 迴圈的使用

一、程式設計目標

運用 while 迴圈，寫出一個程式，計算級數 1+3+5+…+99 的結果，執行結果如下圖所示。

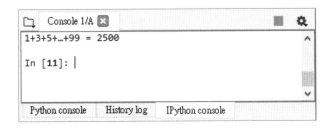

二、參考程式碼

列數	程式碼
1	# 1+3+5+...+99 累加程式
2	i = 1
3	Sum = 0
4	while(i <= 99):
5	Sum += i
6	i += 2
7	print('1+3+5+…+99 = %d' % (Sum))

三、程式碼解說

- 第 2、3 行：設定變數 i 的初值為 1（用於計算間隔為 2 的級數），設定變數 Sum 的初值為 0（用於計算累加總和）。

- 第 4～6 行：while 迴圈的條件式為「i<=99」，當 i 值小於等於 99 時，條件式成立，故會持續在迴圈內執行；當 i 值超過 99 時，條件式不成立，故會離開迴圈。while 迴圈的程式區塊為「Sum+=i」敘述和「i+=2」敘

述，所以，i 值的變化為 1、3、5、7…99，當 i 等於 101 的時候便不符合條件式的要求，因此只會加總 1、3、5、7…99 等數值。

- 第 7 行：印出加總後 Sum 的值，得到 1+3+5+…+99 的結果。

程式範例：捐款累加程式

📄 參考檔案：5-2-2.py　　　　　　　　　📝 學習重點：熟悉 while 迴圈的使用

一、程式設計目標

運用 while 迴圈，寫出一個程式，顯示使用者每次的捐款次數與金額，最後會顯示總捐款金額，執行結果如下圖所示。

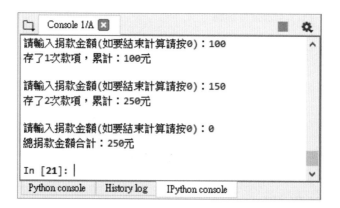

二、參考程式碼

列數	程式碼
1	# 捐款累加程式
2	i = 1
3	Sum = 0
4	money = int(input('請輸入捐款金額(如要結束計算請按0)：'))
5	while (money != 0):
6	Sum += money
7	print('存了%d 次款項，累計：%d 元' % (i, Sum))
8	i += 1
9	money = int(input('請輸入捐款金額(如要結束計算請按0)：'))
10	print('總捐款金額合計：%d 元' % (Sum))

三、程式碼解說

- 第 2、3 行：設定變數 i 的初值為 1（用於計算捐款次數），設定變數 Sum 的初值為 0（用於計算捐款總金額）。

- 第 4 行：使用 input( ) 函式讀入使用者輸入的每次捐款金額，並且轉成整數型態後存入變數 money。

- 第 5~9 行：while 迴圈的條件式為「money!=0」，當 money 值不為「0」的時候，條件式成立，會進入 while 迴圈做計算；當 money 值為「0」時，條件式不成立，故會離開迴圈。

- 第 10 行：印出加總後 Sum 的值，得到總捐款金額的計算結果。

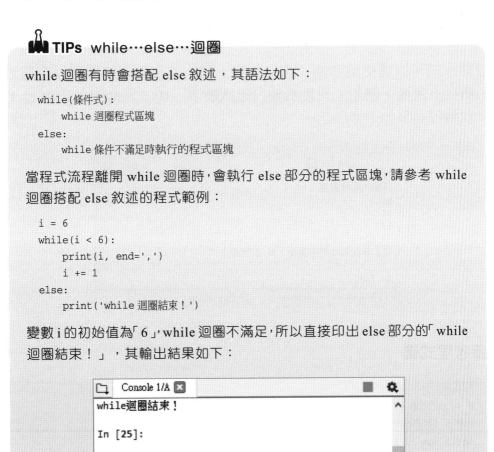

TIPs while…else…迴圈

while 迴圈有時會搭配 else 敘述，其語法如下：

```
while(條件式):
    while 迴圈程式區塊
else:
    while 條件不滿足時執行的程式區塊
```

當程式流程離開 while 迴圈時，會執行 else 部分的程式區塊，請參考 while 迴圈搭配 else 敘述的程式範例：

```
i = 6
while(i < 6):
    print(i, end=',')
    i += 1
else:
    print('while 迴圈結束！')
```

變數 i 的初始值為「6」，while 迴圈不滿足，所以直接印出 else 部分的「while 迴圈結束！」，其輸出結果如下：

```
Console 1/A  ☒                           ■  ⚙
while迴圈結束！

In [25]:

Python console   History log   IPython console
```

5-3 break 敘述

當程式遇到 break 敘述時，將會直接跳出 for 迴圈或 while 迴圈，不再執行迴圈內的程式敘述，會跳至迴圈的下一行程式敘述往下執行，並且大多會配合判斷結構來使用。

程式範例：從起始數字開始印出連續數字，遇到 7 的倍數即跳出迴圈

📄 參考檔案：5-3-1.py　　　　　　　　　　📝 學習重點：break 敘述的應用

一、程式設計目標

設計一個可以讓使用者輸入起始數字，印出其後的連續數字，直到遇到 7 的倍數即跳出迴圈，例如：使用者輸入起始數字「10」，會印出「10 11 12 13」之值，其執行結果如下圖所示。

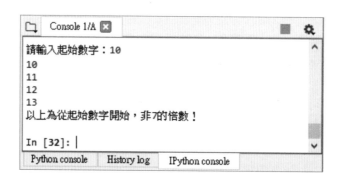

二、參考程式碼

列數	程式碼
1	# 印出起始數字起所有非 7 的倍數
2	num = int(input('請輸入起始數字：'))
3	while(num >= 1):
4	if(num % 7 == 0):
5	break
6	print('%d' % (num))
7	num += 1
8	print('以上為從起始數字開始，非7 的倍數！')

三、程式碼解說

- 第 2 行：使用 input( )函式讀入使用者輸入的起始數字，並且轉成整數型態後存入變數 num。
- 第 3~7 行：while 迴圈的條件式為「num>=1」，變數 num 會隨迴圈執行，依次增加「1」，當 num 值為「7」的倍數時，if…敘述成立，然後進入第 6 行，執行「break」敘述跳出迴圈。

程式範例：找出範圍內的第 1 個 17 的倍數

📄 參考檔案：5-3-2.py　　　　　📝 學習重點：break 敘述與 for…else…迴圈的應用

一、程式設計目標

　　設計一個可以讓使用者輸入起始與終止數字的程式，兩數字之間以空格隔開，該程式可以找出範圍內的第 1 個 17 的倍數，如果使用者輸入「100 200」，其執行結果如圖所示。

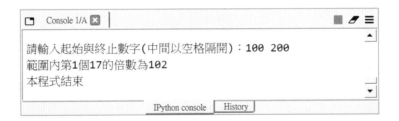

　　如果使用者輸入「90 100」，程式會回應「範圍內沒有找到 17 的倍數」，其執行結果如圖所示。

二、參考程式碼

列數	程式碼
1	# 找出範圍內的第一個 17 的倍數
2	Num1, Num2 = map(int, input('請輸入起始與終止數字(中間以空格隔開)：').split())
3	for n in range(Num1, Num2+1):
4	if n % 17 == 0:
5	print("範圍內第 1 個 17 的倍數為%d" % (n))
6	break
7	else:
8	print("範圍內沒有找到 17 的倍數")
9	print('本程式結束')

三、程式碼解說

- 第 2 行：使用 map( )函式讀入使用者輸入的起始數字與終止數字，分別存入 Num1 與 Num2 變數。

- 第 3~8 行：for 迴圈會依序走訪 Range( )函式所產生的序列，當找到數字 17 的倍數時，就執行第 6 行的「break」敘述，直接離開迴圈，不執行迴圈的 else 部分；如果沒有找到 17 的倍數，就會輸出第 8 行的「範圍內沒有找到 17 的倍數」敘述。

5-4 continue 敘述

　　一般迴圈的執行流程都是在程式區塊執行完畢後，才繼續執行下一輪。但是在某些特殊狀況，必須略過接下來的程式碼，然後直接跳到下一輪迴圈的起始位置，此時就可以使用 continue 敘述。

　　break 敘述與 continue 敘述最大的差異在於，break 敘述會跳離該迴圈，而 continue 敘述則是忽略迴圈內，剩下的程式敘述，重新執行下一輪的迴圈。

　　continue 敘述通常會配合一個判斷結構，如：if 敘述，也就是當符合條件時，執行 continue 的動作，直接跳回迴圈的起點。

程式範例：印出自訂區間內所有 3 的倍數

📑 參考檔案：5-4-1.py   📝 學習重點：continue 敘述的應用

一、程式設計目標

　　設計一個可以列出在區間內所有 3 的倍數之程式。使用者輸入「起始值」與「終止值」之後，會列出所有為 3 的倍數之數字。例如：使用者輸入「50 150」之後，程式會計算出從 50 到 150 之間，所有為 3 的倍數之數字。

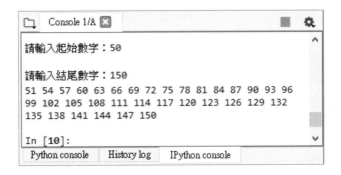

二、參考程式碼

列數	程式碼
1	# 印出自訂區間內所有 3 的倍數
2	p1 = int(input('請輸入起始數字：'))
3	p2 = int(input('請輸入結尾數字：'))
4	for i in range(p1, p2+1):
5	if(i % 3 != 0):
6	continue
7	print('%d ' % (i), end='')

三、程式碼解說

- 第 2、3 行：宣告變數 p1 和 p2，將變數 p1 當作起始值，將變數 p2 當作終止值。

- 第 4～7 行：此段為 for 迴圈，變數 i 從 p1 開始，每次增加 1，只要 i 值小於 p2+1，就執行 for 迴圈內的程式敘述。

- 第 5 行：用餘數運算「%」，判斷是否為 3 的倍數。當 i 值不是 3 的倍數時，會執行 continue 敘述，略過第 7 行敘述，直接跳回迴圈的起點，不執行 print( ) 函式印出其值，所以只會印出區間內 3 的倍數。

5-5 巢狀迴圈

如同巢狀的 If 結構，迴圈結構中可能還會包含迴圈結構，此種迴圈結構常稱為「巢狀迴圈結構」，也就是迴圈結構裡還有迴圈結構。執行時，先從外部迴圈進行第一輪，然後待內部迴圈執行結束後，外部迴圈才會進行到下一輪。

程式範例：印出 99 乘法表

📄 參考檔案：5-5-1.py　　　　　　　　✏️ 學習重點：巢狀 for 迴圈的使用

一、程式設計目標

請運用巢狀 for 迴圈配合 print( ) 函式，印出如下圖排列的 99 乘法表。

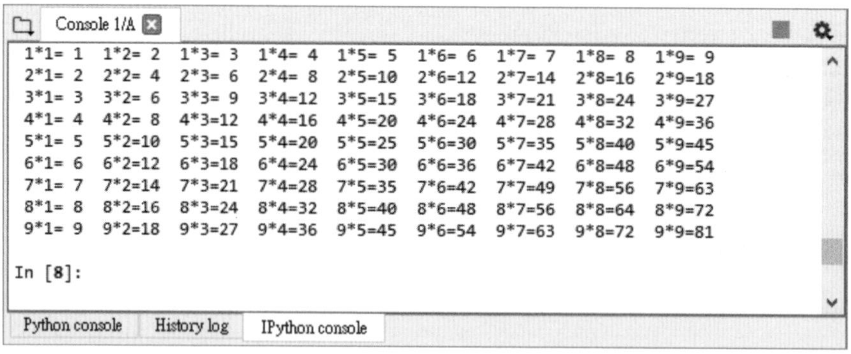

```
Console 1/A ☒

1*1= 1  1*2= 2  1*3= 3  1*4= 4  1*5= 5  1*6= 6  1*7= 7  1*8= 8  1*9= 9
2*1= 2  2*2= 4  2*3= 6  2*4= 8  2*5=10  2*6=12  2*7=14  2*8=16  2*9=18
3*1= 3  3*2= 6  3*3= 9  3*4=12  3*5=15  3*6=18  3*7=21  3*8=24  3*9=27
4*1= 4  4*2= 8  4*3=12  4*4=16  4*5=20  4*6=24  4*7=28  4*8=32  4*9=36
5*1= 5  5*2=10  5*3=15  5*4=20  5*5=25  5*6=30  5*7=35  5*8=40  5*9=45
6*1= 6  6*2=12  6*3=18  6*4=24  6*5=30  6*6=36  6*7=42  6*8=48  6*9=54
7*1= 7  7*2=14  7*3=21  7*4=28  7*5=35  7*6=42  7*7=49  7*8=56  7*9=63
8*1= 8  8*2=16  8*3=24  8*4=32  8*5=40  8*6=48  8*7=56  8*8=64  8*9=72
9*1= 9  9*2=18  9*3=27  9*4=36  9*5=45  9*6=54  9*7=63  9*8=72  9*9=81

In [8]:

Python console    History log    IPython console
```

二、參考程式碼

列數	程式碼
1	# 印出 99 乘法表
2	for i in range(1, 10): # 外迴圈
3	for j in range(1, 10): # 內迴圈
4	print('{0:2d}*{1}={2:2d}'.format(i, j, i*j), end=' ')
5	print() # 換下一列

三、程式碼解說

- 第 2～5 行：利用兩層 for 迴圈來做 99 乘法表。
- 第 2 行：外迴圈，將被乘數 i 值每次遞增 1。
- 第 3 行：內迴圈，將乘數 j 值每次遞增 1。
- 第 4 行：透過 i 值和 j 值的變化，計算並印出 99 乘法表的值，此處搭配 format 指令來格式化輸出的內容。
- 第 5 行：每執行完畢內迴圈一次，就使用 print( )函式來換行。

程式範例：印出星形圖樣 1

📋 參考檔案：5-5-2.py　　　　　　　　📝 學習重點：巢狀 for 迴圈的使用

一、程式設計目標

請運用巢狀 for 迴圈配合 print( )函式，印出如下圖排列的星形圖樣，可以讓使用者輸入要列印的列數，每一列的星星個數與列數相同。

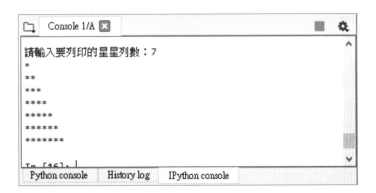

二、參考程式碼

列數	程式碼
1	# 印出星形圖樣1
2	line = int(input('請輸入要列印的星星列數：'))
3	for i in range(1, line+1):
4	for j in range(1, i+1):
5	print('*', end='') # 印出星號
6	print() # 換印下一列

三、程式碼解說

- 第 3 行：外迴圈，控制程式總共印幾列。
- 第 4 行：內迴圈，設計每一列的輸出，根據題目要求使用迴圈控制，第一次印出一個「*」，第二次印出兩個「*」…，如此就達到題目要求了。
- 第 6 行：每執行完畢內迴圈一次，就使用 print( )函式來換行。

程式範例：印出星形圖樣 2

📄 參考檔案：5-5-3.py　　　　　　　　　✏️ 學習重點：巢狀 for 迴圈的使用

一、程式設計目標

　　請運用巢狀 for 迴圈配合 print( )函式，印出如右圖排列的星形圖樣，可以讓使用者輸入要列印的列數，每一列的星星個數與列數相同。

二、參考程式碼

列數	程式碼
1	# 印出星形圖樣 2
2	line = int(input('請輸入要列印的星星列數：'))
3	for i in range(1, line+1):
4	for j in range(line, i, -1):
5	print(' ', end='') # 印出空白
6	for k in range(1, i+1):
7	print('*', end='') # 印出星號
8	print() # 換印下一列

三、程式碼解說

- 第 3 行：外迴圈，控制程式總共印幾列。
- 第 4 行：內迴圈，設計每一列輸出的空格個數。
- 第 6 行：內迴圈，設計每一列輸出的星號個數。
- 第 8 行：每執行完畢 2 個內迴圈一次，就使用 print( )函式來換行。

5-6 程式練習

練習題 1：印出兩數之間的所有質數

📑 參考檔案：5-6-1.py   ✏️ 學習重點：巢狀 for 迴圈的使用

一、程式設計目標

找出兩數之間的所有質數，並輸出至螢幕，下圖為起始數字「5」和結尾數字「88」的執行結果。

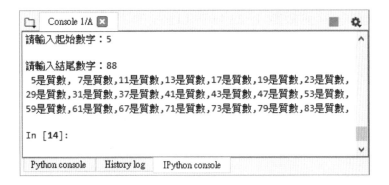

二、參考程式碼

列數	程式碼
1	# 印出兩數之間的所有質數
2	p1 = int(input('請輸入起始數字：'))
3	p2 = int(input('請輸入結尾數字：'))
4	for i in range(p1, p2+1):
5	flag = 1
6	for j in range(2, i):
7	if(not(i % j)):
8	flag = 0
9	if(flag):
10	print('%2d 是質數' % (i), end=',')

三、程式碼解說

- 第 4～10 行：利用兩層 for 迴圈配合餘數運算「%」，來檢查是否為質數。如果有因數，則表示不是質數，flag 值會被設為 0；如果沒有因數，則表示是質數，flag 值會被設為 1，並且印出質數的值。

練習題 2：累加程式 1+2+4+7+11+…+106

📄 參考檔案：5-6-2.py　　　　　　　✏️ 學習重點：while 迴圈的使用

一、程式設計目標

寫出一個程式，計算級數 1+2+4+7+11+…+106 的過程與結果，執行結果如右圖所示。

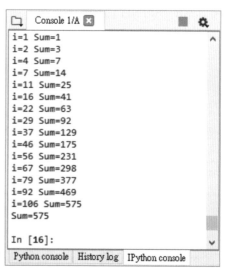

```
Console 1/A ☒                    ■ ⚙
i=1 Sum=1
i=2 Sum=3
i=4 Sum=7
i=7 Sum=14
i=11 Sum=25
i=16 Sum=41
i=22 Sum=63
i=29 Sum=92
i=37 Sum=129
i=46 Sum=175
i=56 Sum=231
i=67 Sum=298
i=79 Sum=377
i=92 Sum=469
i=106 Sum=575
Sum=575

In [16]:
Python console  History log  IPython console
```

二、參考程式碼

列數	程式碼
1	`# 非等距累加程式`
2	`Sum = 0`
3	`i = 1`
4	`j = 1`
5	`while (i <= 106):`
6	`    Sum += i`
7	`    print('i=%d Sum=%d' % (i, Sum))`
8	`    i = i + j`
9	`    j = j + 1`
10	`print("Sum=%d" % (Sum))`

三、程式碼解說

累加程式 1+2+4+7+11+…+106 與之前的範例不同點在於，每一項之間的差距，不是等距，其間距由 1 開始，依次變成 2、3、4…，此處要特別注意。

練習題 3：印出金字塔星形圖樣

📄 參考檔案：5-6-3.py　　　　　　　　　　📝 學習重點：巢狀 for 迴圈的使用

一、程式設計目標

　　請運用巢狀 for 迴圈配合 print( )函式，印出如下圖排列的星形圖樣，可以讓使用者輸入要列印的列數，每一列的星星個數與列數相同。

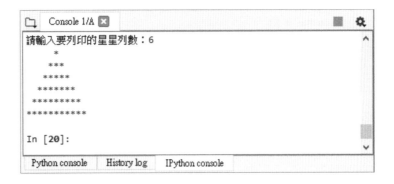

二、參考程式碼

列數	程式碼
1	# 印出金字塔星形圖樣
2	line = int(input('請輸入要列印的星星列數：'))
3	for i in range(1, line + 1):
4	for j in range(line, i, -1):
5	print(' ', end='')　# 印出空白
6	for k in range(1, 2 * i):
7	print('*', end='')　# 印出星號
8	print()　# 換印下一列

三、程式碼解說

- 第 6 行：此題在印出星號的部分有一些變化，每次會增加 2 個星號。

練習題 4：計算兩數的最大公因數

📄 參考檔案：5-6-4.py　　　　　　　📝 學習重點：for 迴圈和餘數的應用

一、程式設計目標

請使用者輸入兩數，計算兩數的最大公因數，下圖為使用者輸入「84」及「36」的執行結果。

二、參考程式碼

列數	程式碼
1	# 印出兩數的最大公因數
2	num1 = int(input('請輸入數字1：'))
3	num2 = int(input('請輸入數字2：'))
4	for i in range(1, num1+1):
5	for j in range(1, num2+1):
6	if(not(num1 % i) and not(num2 % i)):　# 若num1及num2可被i整除
7	M = i
8	print("%d 和 %d 之最大公因數 %d" % (num1, num2, M))

三、程式碼解說

- 第 6 行：若 num1,num2 可被 i 整除，i 則為 num1 及 num2 之公因數。
- 第 7 行：將最大的公因數儲存在變數 M，如此可求出最大公因數。

練習題 5：完全數的尋找

📑 參考檔案：5-6-5.py　　　　　　　📝 學習重點：雙層 for 迴圈的使用

一、程式設計目標

　　一個數等於它所有的因數和（不包括它本身），這種數我們稱它為完全數，例如：

```
6 = 1+2+3
28 = 1+2+4+7+14
```

　　請寫一程式，可以找出 1~10000 之間所有的完全數，非單純印出結果，執行結果如下圖所示。

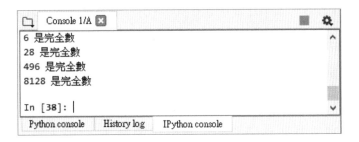

二、參考程式碼

列數	程式碼
1	# 完全數尋找程式
2	for i in range(1, 10000):
3	check = 0
4	for j in range(1, i):
5	if(not(i % j)):
6	check += j　# 因數加總
7	if(check == i):
8	print('%d 是完全數' % (i))

三、程式碼解說

　　利用雙層 for 迴圈，依序檢查 1～10000 間的數值，將各個數的因數找出來並加總，檢查該數是否等於它所有的因數和。

📖 習題

選擇題

( ) 1. 下列何種敘述會略過接下來的程式碼，然後直接跳到下一輪迴圈的起始位置？

    (a) break   (b) next   (c) for   (d) continue

( ) 2. 執行下列程式後，其輸出內容為何？

```
i = 3
while(i < 6):
    print(i, end=' ')
    i += 1
else:
    print('5')
```

    (a) 3 4 5 5   (b) 3 4 5 6   (c) 1 2 3 4 5   (d) 以上皆非

( ) 3. 下列關於 range( )函式的敘述何者錯誤？

    (a) 起始值為非必備參數，其預設值為 1

    (b) 終止值為必備參數

    (c) 增減值為非必備參數，其預設值為 1

    (d) 主要用來建立整數序列

( ) 4. 執行下列程式後，其輸出內容為何？

```
num = 54
while(num % 7 >= 0):
    print('%d' % (num), end=' ')
    if(num % 7 == 0):
        break
    num += 1
else:
    print(num)
```

    (a) 53 54 55   (b) 54 55   (c) 54 55 56   (d) 54

( ) 5. for 迴圈的增減值之預設值為何？

    (a) 1   (b) 0   (c) -1   (d) 無

( ) 6. 下列程式碼會搭配哪一個指令逐一檢查資料？

```
(index < 10):
```

    (a) if   (b) for   (c) while   (d) elif

( ) 7. 印出 99 乘法表程式，在下列程式碼中的 X 和 Y 值應為何者？

```
for i in range (1, 10):
    for j in range (X, Y):
        print ('{0:2d}*{1}={2:2d}'.format(i,j,i*j), end=' ')
```

(a) 1 9　　　(b) 1 10　　　(c) 0 9　　　(d) 0 10

( ) 8. 請問下列程式碼的輸出結果為何？

```
Sum = 0
n = 0
while(n <= 5):
    Sum += n
    n += 1
print(Sum)
```

(a) 10　　　(b) 15　　　(c) 5　　　(d) 20

( ) 9. 請問下列程式碼的輸出結果為何？

```
Sum = 5
n = 5
for i in range(1, n+1):
    Sum += i
print(Sum)
```

(a) 5　　　(b) 10　　　(c) 20　　　(d) 以上皆非

( ) 10. 請問下列程式碼的輸出結果為何？

```
Sum = 0
n = 10
for i in range(1, n+1, 2):
    Sum += i
print(Sum)
```

(a) 10　　　(b) 20　　　(c) 25　　　(d) 55

( ) 11. 請問下列何者為 Python 迴圈結構會使用的敘述？

(a) if　　　(b) if...else...　(c) while　　　(d) if...elif...else...

( ) 12. 請問要略過迴圈內接下來的程式碼，跳到下一輪迴圈的起始位置，常會搭配下列哪一敘述？

(a) break　　　(b) continue　　(c) else　　　(d) while

( ) 13. 請問下列程式碼的輸出結果為何？

```
Sum = 0
for i in range(1, 5, 2):
    for j in range(3):
        Sum += i
print(Sum)
```

(a) 10　　　(b) 12　　　(c) 27　　　(d) 36

（　）14.請問下列程式碼的輸出結果為何？

```
Sum = i = 0
while(i <= 5):
    Sum += i
    if(i >= 3):
        break
    i += 1
print(Sum)
```

(a) 5　　　　　　(b) 6　　　　　　(c) 8　　　　　　(d) 10

（　）15.請問下列程式碼的輸出結果為何？

```
i = 1
while(i <= 3):
    i += 1
    if(i >= 1):
        i += 1
        continue
print(i)
```

(a) 5　　　　　　(b) 6　　　　　　(c) 7　　　　　　(d) 8

問答題

1. 請說明迴圈的概念為何？

2. 請說明 for 迴圈的意義、語法與流程圖。

複合資料型別

Python 提供多種複合資料型別，包括：串列（List）、元組（Tuple）、字典（Dict）、集合（Set）等，各種資料型別提供了相關函式，善用相關函式有助於更有效率的解決複雜問題。

6-1 字串的函式

Python 的字串資料型態（str）是以一對單引號「'」或雙引號「"」含括起來，參考範例如下：

```
name_1 = '林書豪'    #以單引號含括字串文字
name_2 = "陳偉殷"    #以雙引號含括字串文字
```

這部分我們在先前的基本資料型態有介紹過，接下來介紹字串的索引值與字串操作函式。

6-1-1 字串索引值

我們所指派的字串，可以透過具有順序性的索引值(Index)來取出其字元或部分字串，例如：我們指派一個「Hello Python!」字串，其索引值若由左至右編號，規則是從 0 編至 12；若由右至左編號，規則是從-1 編至-13，請參考下表。

字串	H	e	l	l	o		P	y	t	h	o	n	!
索引值 （左至右編號）	0	1	2	3	4	5	6	7	8	9	10	11	12
索引值 （右至左編號）	-13	-12	-11	-10	-9	-8	-7	-6	-5	-4	-3	-2	-1

當我們想要取得字串內的字元或部分字串時，會使用取值運算子「[]」來讀取，其使用語法如下：

```
字串名稱[起始索引值:結束索引值:間隔值]
```

間隔值可為正值或負值但不可為「0」，如為正值則是由左至右編號，預設間隔值是「1」；如為負值則是由右至左編號，預設間隔值是「-1」。設定時如未指定起始索引值與結束索引值，則是以字串的最左端或最右端為之。

以下的程式範例為指派一個字串並列印其索引值位置為「6」的內容，其程式碼如下：

```
word='Hello Python!'
print(word[6])
```

其執行結果為印出字元「P」，如果我們把列印指令改成如下：

```
print(word[-7])
```

一樣是列印出字元「P」。

下表為[]運算子對「word='Hello Python!'」字串的取值範例：

語法	作用	執行結果
word[6:]	取得索引值 6 起到結束的字串	Python!
word[0:5]	取得索引值 0~4 的字串	Hello
word[:5]	取得索引值 0~4 的字串	Hello
word[:]	取得索引值 0 起到結束的字串	Hello Python!
word[::-1]	由右至左取得字串	!nohtyP olleH
word[::4]	由左至右以間隔 4 個字元取得元素	Hot!

語法	作用	執行結果
word[::-4]	由右至左以間隔 4 個字元取得元素	!toH
word[2:12:5]	由左至右間隔 5 個字元取得索引值 2~11 的元素	ly

6-1-2 字串函式

Python 內建的字串相關函式相當多，此處介紹一些常用的字串函式。

字串函式	作用	範例	執行結果
len(字串)	計算字串的長度。	print(len (''))	0
		print(len ('Jason Lee'))	9 （空白字元也算 1 個字元）
		str = '你好嗎？' print(len(str))	4 （中文字也算 1 個字元）
lower()	將字串中的英文字母轉換為小寫。	str = 'PYTHON' print(str.lower())	python
upper()	將字串中的英文字母轉換為大寫。	str = 'python' print(str.upper())	PYTHON
capitalize()	將字串中的第一個英文字母轉換成大寫，其餘英文字母改為小寫。	str = 'python IS good.' print(str.capitalize())	Python is good.
islower()	判斷字串中的英文字母是否皆為小寫，其回傳值為 True 或 False。	str = 'python' print(str.islower())	True
isupper()	判斷字串中的英文字母是否皆為大寫，其回傳值為 True 或 False。	str = 'Python' print(str.isupper())	False
title()	將字串中的每個單字變成首字母大寫。	str = 'it will be better!' print(str.title())	It Will Be Better!

字串函式	作用	範例	執行結果
istitle()	判斷字串中的單字是否為首字母大寫,其回傳值為 True 或 False。	str = 'it will be better!' print(str.istitle())	False
		str = 'It Will Be Better!' print(str.istitle())	True
find (字串)	尋找目的字串中的特定字元,如找到會回傳該特定字元的索引值;如未找到會回傳「-1」。其中索引值皆是從左至右,從「0」開始編號。字串尋找是區分大小寫的。	str = 'Happy New Year' print(str.find('New'))	6
		str = 'Happy New Year' print(str.find('month'))	-1
		str = 'Happy New Year' print(str.find('new'))	-1
replace (舊字串, 新字串)	指定新字串來取代舊字串。	str = 'Good Morning' print(str.replace('Morning', 'night'))	Good night
count (字串)	計算要搜尋的字串之出現次數。	str = 'apple, app, airplane' print(str.count('app'))	2
startswith (字串)	判斷某字串的開頭是否為要搜尋的字串,其回傳值為 True 或 False。	str = 'Good Morning' print(str.startswith ('Good'))	True
		str = 'Good Morning' print(str.startswith('Bad'))	False
split ([sep])	將母字串以 sep 所設定的字串內容來分割,預設值以空白字元為分割的位置,分割後的資料為串列型態。	str = 'Happy New Year' print(str.split())	['Happy', 'New', 'Year']
		str = 'red,green,blue' print(str.split(','))	['red', 'green', 'blue']
		str = 'red,green,blue' print(str.split())	['red,green,blue']

6-2 串列 List

6-2-1 串列結構

串列（List）是將元素置於中括號「[]」中，它可以包含不同型態的資料或是空串列，中間以逗號分隔元素，存放在串列中的資料是以有序的方式排列，從 0 開始編號，其指派語法如下：

```
串列名稱 = [元素 1, 元素 2, ……]
```

建立空串列的語法如下：

```
串列名稱 = []
```

也可以使用 list( ) 函式建立空串列，其語法如下：

```
串列名稱 = list()
```

參考以下串列的操作範例：

變數 member 是串列資料型態，分別表示「編號」、「姓名」、「會員資格」等 3 項資料，其型態分別為「數值」、「字串」、「布林值」，其指派內容如下：

```
member = [35, 'Jason', True]
```

串列中的每一個元素，可以透過「索引值」來取得，如果我們要印出 member 串列第 2 個索引值的內容，其程式碼如下：

```
print(member[2])
```

執行結果為：

```
True
```

串列可以包含其他子串列，以下為串列包含子串列的例子。

```
data = ['John', [78, 92], 'Mary', 20]
```

如要印出 data 串列索引值為「1」的子串列，程式碼如下：

```
print(data[1])
```

執行結果為：

```
[78, 92]
```

6-2-2 串列函式

串列可以增加或刪減其中的元素，此處介紹一些常用的串列函式。

串列函式	作用	範例	執行結果
len(串列)	計算串列的長度。	day=[] print(len(day))	0
		data=['John',[78,92],'Mary'] print(len(data))	3
list(字串)	將字串內容轉換成串列元素。	print(list('Jason'))	['J', 'a', 's', 'o', 'n']
'[sep]'.join (串列)	以 sep 所設定的字串內容來結合成一個字串，預設值為空白字元。	str = ['red', 'green', 'blue'] print(' '.join (str))	red green blue
		str = ['red', 'green', 'blue'] print('_'.join (str))	red_green_blue
串列.append (元素)	將元素加到串列的尾端。	data = ['Jason',True] data.append ('35') print(data)	['Jason',True,'35']
串列.extend(串列 A)	將串列 A 的元素合併到串列裡。	data = ['Jason', [1,2]] dataA = [3,5] data.extend (dataA) print(data)	['Jason',[1,2],3,5]
串列.insert(i,元素)	將元素插入到串列中索引值 i 的位置。若索引值 i 超出串列尾端的索引值，則會將元素插入到串列尾端。	data = ['Jason', [1,2]] data.insert(1,3) print(data)	['Jason', 3, [1, 2]]
串列.remove(元素)	移除串列中的元素。	data = ['Jason', [1,2],3] data.remove([1,2]) print(data)	['Jason', 3]

串列函式	作用	範例	執行結果
串列.pop(索引值)	取出串列中索引值的元素，並刪除之。若未指定索引值或是索引值設定為-1，則會取出串列的尾端元素。	data=['Jason',[1,2],3,'Jack'] print(data.pop())	'Jack'
		data=['Jason',[1,2],3] data.pop() print(data)	['Jason', [1, 2]]
		data=['Jason',[1,2],3,'Jack'] print(data.pop(1))	[1, 2]
		data=['Jason',[1,2],3,'Jack'] data.pop(1) print(data)	['Jason', 3, 'Jack']
串列.clear()	清除串列中的所有元素。	data=['Jason',[1,2],3,'Jack'] data.clear () print(data)	[]
串列.index(元素)	用於查詢元素在串列裡的索引值。	data=['Jason',[1,2],8,'Jack'] print(data.index(8))	2
串列.reverse()	用於反轉串列中的元素。	data=['Jason',[1,2],3,'Jack'] data.reverse() print(data)	['Jack', 3, [1, 2], 'Jason']
sum(串列)	用於加總串列中的元素值。	number = [1,3,9,7,2,8] print(sum(number))	30

程式範例：薪水總和與平均計算程式

📄 參考檔案：6-2-2-1.py　　　　　　　　　　✍ 學習重點：熟悉串列的使用

一、程式設計目標

　　運用 for 迴圈，寫出一個程式，讓使用者輸入每月薪水，並且存入串列之中。計算每月薪水的累加結果與平均，最後並印出每月的薪水資料，其執行結果如下圖所示。

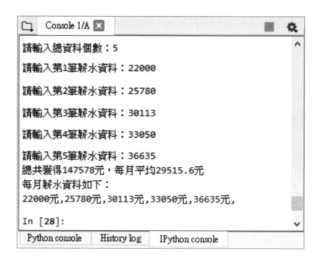

二、參考程式碼

列數	程式碼
1	# 薪水總和與平均計算程式
2	num = int(input('請輸入總資料個數：'))
3	salary = []
4	Sum = 0
5	for i in range(1, num+1):
6	payment = int(input('請輸入第%d 筆薪水資料：' % (i)))
7	Sum += payment
8	salary.append(payment)
9	print('總共獲得%d 元，每月平均%.1f 元' % (Sum, Sum/num))
10	print('每月薪水資料如下：')
11	for i in salary:
12	print('%d 元,' % (i), end='')

三、程式碼解說

- 第 2 行：使用 input( )輸入函式並設定變數 num 來儲存使用者輸入的數字，讀進來的資料是字串型態，使用 int( )函式強制轉型為整數型態。

- 第 3 行：建立 salary 為空串列。

- 第 4 行：將變數 Sum 的初值設為 0。

- 第 5~8 行：for 迴圈的起始值設為 1，終止值為 num+1，其索引值為 1~num。使用「Sum+=payment」敘述來累加使用者輸入的各月薪資（payment），並將每月薪資透過 append()函式加入到 salary 串列中。

- 第 11、12 行：使用 print( )函式印出 salary 串列的內容。

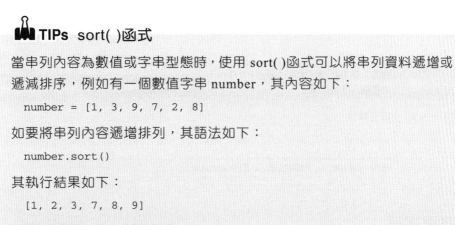

TIPs sort( )函式

當串列內容為數值或字串型態時，使用 sort( )函式可以將串列資料遞增或遞減排序，例如有一個數值字串 number，其內容如下：

```
number = [1, 3, 9, 7, 2, 8]
```

如要將串列內容遞增排列，其語法如下：

```
number.sort()
```

其執行結果如下：

```
[1, 2, 3, 7, 8, 9]
```

如要將遞減排列，其語法如下：

```
number.sort(reverse=True)
```

其執行結果如下：

```
[9, 8, 7, 3, 2, 1]
```

程式範例：成績總分與平均計算程式

📄 參考檔案：6-2-2-2.py　　　　　　✍ 學習重點：熟悉串列的使用

一、程式設計目標

運用 while 迴圈，寫出一個程式，讓使用者輸入分數，將之存入串列之中。輸入「-1」會停止輸入，計算成績的總分與平均，最後印出總分與平均分數，其執行結果如下圖所示。

　　當使用者直接輸入「-1」，程式會回應「沒有輸入任何成績！」，其執行結果如下圖所示。

二、參考程式碼

列數	程式碼
1	# 成績總分與平均計算程式
2	score = []
3	total = stu_score = 0
4	i = 1
5	while(stu_score != -1):
6	stu_score = int(input('請輸入第%d 筆分數(輸入-1 停止)：' % (i)))
7	score.append(stu_score)
8	i += 1
9	for i in range(0, len(score)-1):
10	total += score[i]
11	num = len(score)-1
12	if(num == 0):
13	print('沒有輸入任何成績！')
14	else:
15	print('總分為%d 分，全班平均為%.2f 分' % (total, total/num))

三、程式碼解說

- 第 2 行：建立 score 為空串列。

- 第 3 行：將變數 total 與 stu_score 的初值設為 0。

- 第 4 行：將變數 i 的初值設為 1。

- 第 5~8 行：while 迴圈的終止條件設為「-1」，使用 input( )輸入函式並設定變數 stu_score 來儲存使用者輸入的數字，讀進來的資料是字串型態，使用 int( )函式強制轉型為整數型態。第 7 行將成績透過 append( )函式加入到 score 串列中。

- 第 9、10 行：使用 for 迴圈來累加 score 串列的數值。
- 第 11 行：使用 len( ) 函式取得 score 串列的長度。
- 第 12~15 行：使用 if…else…敘述來處理串列為空的情況，如果串列為空，則回應「沒有輸入任何成績！」；如果串列非空，則印出總分與平均的內容。

6-3 元組 Tuple

元組（Tuple）是將元素置於小括號「( )」中，它可以包含不同型態的資料或是空元組，中間以逗號分隔元素，存放其中的資料是以有序的方式排列。

元組的使用方式與串列相似，其差別在於不能修改其元素值，屬於不可以改變內容的資料型別，具有較快的運算速度與保護資料內容不可變動的優點，其指派語法如下：

```
元組名稱 = (元素1, 元素2, ……)
```

建立空元組的語法如下：

```
元組名稱 = ()
```

也可以使用 tuple( ) 函式建立空元組，其語法如下：

```
元組名稱 = tuple()
```

參考以下元組的操作範例：

```
tuple1 = (1, 'sky', 3.5)
print(tuple1[1]) #使用[索引值]取出 tuple 的內容
```

其執行結果為：

```
sky
```

如果嘗試去修改元組的元素值，會發生錯誤，請參考以下的範例：

```
tuple1 = (1, 'sky', 3.5, '')
tuple1[1] = 'Red'
print(tuple1[1])
```

其執行結果為：

```
TypeError: 'tuple' object does not support item assignment
```

串列和元組之間可以互相轉換，使用 list 函式可以將元組轉換為串列，其參考範例如下：

```
tuple1 = (1, 2, 3, 4, 5)
list1 = list(tuple1)  # 將 tuple 轉換為 list
list1.append(6)  # 在 list 尾端加入元素
print(list1)
```

其執行結果為：

```
[1, 2, 3, 4, 5, 6]
```

使用 tuple 函式可以將串列轉換為元組，將串列轉換為元組後，對於元組就不能再加入元素，其參考範例如下：

```
list2 = [1, 2, 3, 4, 5]
tuple2 = tuple(list2) #將 list 轉換為 tuple
tuple2.append(6)#錯誤，無法在 tuple 尾端加入元素
print(tuple2)
```

其執行結果為：

```
AttributeError: 'tuple' object has no attribute 'append'
```

6-4 字典 Dict

串列（List）與元組（Tuple）是有序的資料型別，可以依照順序取出其中的元素資料；而字典（Dict）是無序的資料型別，透過鍵（Key）與值（Value）的對應方式來操作資料。

字典是將元素置於大括號「{}」中，其指派語法如下：

```
字典名稱 = {鍵 1:值 1, 鍵 2:值 2, ……}
```

建立空字典的語法如下：

```
字典名稱 = {}
```

也可以使用 dict( )函式建立空字典，其語法如下：

```
字典名稱 = dict()
```

6-4-1 字典存取

要查詢字典中的值時，會以中括號「[]」搭配鍵的內容來讀取，參考下列範例：

```
dict1 = {'Apple': 50, 'Orange': 20, 'Banana': 15}
print(dict1)   # 印出字典的內容
print(dict1['Apple'])   # 使用[鍵]取出[值]的內容
```

其執行結果為：

```
{'Apple': 50, 'Orange': 20, 'Banana': 15}
50
```

字典中的「鍵」必須是唯一，如果字典中有相同的「鍵」，則會取出最後面「鍵」的「值」，請參考以下範例：

```
dict1 = {'Apple': 50, 'Orange': 20, 'Banana': 15, 'Apple': 30}
print(dict1['Apple'])
```

其執行結果為：

```
30
```

6-4-2 字典操作

如果字典在指派後，想要增加其「鍵值對」元素，其新增的語法範例如下：

```
dict1 = {'Apple': 50, 'Orange': 20, 'Banana': 15}
dict1['Lemon'] = 35   # 新增字典的內容
print(dict1)   # 印出整個字典內容
```

其執行結果為：

```
{'Apple': 50, 'Orange': 20, 'Banana': 15, 'Lemon': 35}
```

若要修改字典中的鍵值對，修改的方法為針對「鍵」設定新的「值」，即可修改某鍵的值，請參考下列範例：

```
dict1 = {'Apple': 50, 'Orange': 20, 'Banana': 15}
dict1['Orange'] = 30   # 修改字典內鍵值的內容
print(dict1)   # 印出整個字典內容
```

將原本 Orange 鍵的值由 20 改為 30，其執行結果如下：

```
{'Apple': 50, 'Orange': 30, 'Banana': 15}
```

可使用 del 指令刪除字典中的鍵值對，請參考下列範例。

```
dict1 = {'Apple': 50, 'Orange': 20, 'Banana': 15}
del dict1['Orange']   # 刪除字典的鍵值對
print(dict1)   # 印出整個字典內容
```

刪除 Orange 鍵值對，其執行結果如下：

```
{'Apple': 50, 'Banana': 15}
```

del 指令也可以刪除整個字典，請參考下列範例：

```
dict1 = {'Apple': 50, 'Orange': 20, 'Banana': 15}
del dict1   # 刪除整個字典
print(dict1)   # 印出整個字典內容
```

已經刪除了 dict1 字典，所以使用 print( ) 函式要印出 dict1 字典內容時，會
出現錯誤訊息，其執行結果如下：

```
NameError: name 'dict1' is not defined
```

若要刪除字典中的所有鍵值對，仍然保持字典的名稱，可以使用 clear() 函
式清除字典內容，參考下列範例：

```
dict1 = {'Apple': 50, 'Orange': 20, 'Banana': 15}
dict1.clear()   # 清除字典的內容
print(dict1)   # 印出整個字典內容
```

清除了 dict1 字典，所以使用 print( ) 函式要印出 dict1 字典內容時，會出現
空字典，其執行結果如下：

```
{}
```

6-4-3 字典函式

Python 內建的字典相關函式相當多，此處介紹一些常用的字典函式。

字典函式	作用	範例	執行結果
len(字典)	計算字典的元素個數。	day={} print(len(day))	0
		day={'A':5,'B':2,'C':15} print(len(day))	3
字典.copy()	複製整個字典。	dict1={'A':1,'B':2,'C':3} dict2=dict1.copy( ) print(dict2)	{'A':1,'B':2,'C':3}
字典.get(鍵[,值])	取得鍵所對應的值，如沒有該鍵則回傳 None 或所設參數的值。	dict1={'A':11,'B':22,'C':33} print(dict1.get('B'))	22
		dict1={'A':11,'B':22,'C':33} print(dict1.get('D'))	None
		dict1={'A':11,'B':22,'C':33} print(dict1.get('D', '無鍵'))	無鍵
鍵 in 字典	檢查字典中該鍵是否存在，如有則回傳 True，如無則回傳 False。	dict1={'A':11,'B':22,'C':33} print('B' in dict1) print('D' in dict1)	True False
字典.items( )	取得以「鍵值對」為元素的組合。	dict1={'A':11,'B':22} print(dict1.items())	[('A',11),('B',22)]
字典.keys( )	取得以字典「鍵」為元素的組合。	dict1={'A':11,'B':22} print(dict1.keys())	['A', 'B']
字典.values( )	取得以字典「值」為元素的組合。	dict1={'A':11,'B':22} print(dict1.values())	[11, 22]
字典.setdefault (鍵[,值])	設定鍵的值，如有該鍵則其值不變，如沒有該鍵則建立新的鍵值對。	dict1={'A':1,'B':2} dict1.setdefault('B',5) print(dict1)	{'A': 1, 'B': 2}
		dict1={'A':1,'B':2} dict1.setdefault('C',5) print(dict1)	{'A':1,'B':2,'C':5}
		dict1={'A':1,'B':2} dict1.setdefault('C') print(dict1)	{'A':1,'B':2,'C':None}

程式範例：字典操作程式

參考檔案：6-4-3-1.py   學習重點：熟悉字典函式的使用

一、程式設計目標

建立學生姓名與成績之字典資料 3 筆，運用 list( ) 函式將鍵與值轉成串列，分別存於 keys 串列與 values 串列，轉成串列來取得元素值，搭配 for 迴圈印出字典的內容，其執行結果如下圖所示。

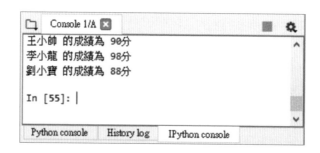

二、參考程式碼

列數	程式碼
1	# 字典操作程式1
2	dict1 = {'王小帥': 90, '李小龍': 98, '劉小寶': 88}
3	keys = list(dict1.keys())
4	values = list(dict1.values())
5	for i in range(len(keys)):
6	print('%s 的成績為 %d 分' % (keys[i], values[i]))

三、程式碼解說

- 第 2 行：建立字典資料型別並設定 3 筆學生姓名與成績資料。
- 第 3 行：將字典的鍵轉成 keys 串列。
- 第 4 行：將字典的值轉成 values 串列。
- 第 5、6 行：運用 len( ) 函式取得字典的個數，並使用 print( ) 函式印出 keys 串列與 values 串列的內容。

TIPs items 的運用

字典可搭配 items 來同時取得鍵與值的內容，因此，字典操作程式可以使用如下的寫法，會獲得一樣的輸出內容。

📄 參考檔案：6-4-3-2.py

```
# 字典操作程式 2
dict1 = {'王小帥': 90, '李小龍': 98, '劉小寶': 88}
items = list(dict1.items())  # 取得鍵值對串列
for name, score in items:  # 用 for 迴圈讀取每一個鍵與值
    print('%s 的成績為 %d 分' % (name, score))
```

如果我們想要進一步在字典中，找出分數最高的同學之姓名與分數，並且計算出全班總分與平均分數，可以參考以下的程式碼：

📄 參考檔案：6-4-3-3.py

```
# 字典操作程式 3
dict1 = {'王小帥': 90, '李小龍': 98, '劉小寶': 88}
keys = list(dict1.keys())
values = list(dict1.values())
top = index = sum1 = 0
for i in range(len(keys)):
    print('%s 的成績為 %d 分' % (keys[i], values[i]))
for j in range(len(values)):
    sum1 += values[j]  # 總和
    if values[j] >= top:  # 新的值大於目前最大值
        top = values[j]  # 更改最大值的數值
        index = j  # 記錄最大值的索引值
print('%s 的成績為最高，其分數 %d 分' % (keys[index], values[index]))
print('全班總分%d，平均為%.2f 分' % (sum1, sum1/len(values)))
```

其執行結果如下：

```
王小帥 的成績為 90 分
李小龍 的成績為 98 分
劉小寶 的成績為 88 分
李小龍 的成績為最高，其分數 98 分
全班總分 276，平均為 92.00 分
```

程式範例：英翻中字典程式

📄 參考檔案：6-4-3-4.py　　　　　　　　📝 學習重點：熟悉字典的使用

一、程式設計目標

　　建立英翻中字典資料 4 筆，首先列印出字典的內容，隨後讓使用者輸入要查詢的英文單字，程式會回覆查詢結果。

　　如果英文單字存在於字典中，其執行結果如下圖所示。

　　如果英文單字不存在於字典中，其執行結果如下圖所示。

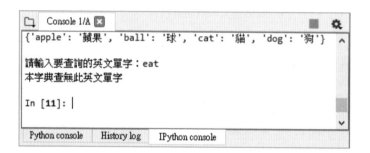

二、參考程式碼

列數	程式碼
1	# 英翻中字典程式
2	dict1 = {'apple': '蘋果', 'ball': '球', 'cat': '貓', 'dog': '狗'}
3	print(dict1)　# 列印字典內容
4	word = input('請輸入要查詢的英文單字：')
5	print(dict1.get(word, '本字典查無此英文單字'))

三、程式碼解說

- 第 2 行：建立字典資料型別並設定 4 筆英文單字與中文資料。

- 第 3 行：列印字典的內容。

- 第 4 行：使用 input( )函式讀入使用者要查詢的單字。

- 第 5 行：運用 get( )函式取得取得鍵所對應的值，如沒有該鍵則回傳 None 或所設參數的值，此處的參數設為「本字典查無此英文單字」字串。

6-5 集合 Set

集合（Set）是無序的資料型別，其內的元素不能重複，會自動刪除重複的元素，集合是將元素置於大括號「{}」中，其指派語法如下：

```
集合名稱= {元素1, 元素2, ……}
```

請參考以下集合的操作範例：

```
S = {'A', 3, 4}
print(S)
```

其執行結果為：

```
{'A', 3, 4}
```

使用 set( )函式可以建立集合，其中的參數可為字串、串列或元組，其語法如下：

```
集合名稱 = set((參數))
```

請參考以下字串轉成集合的範例：

```
S = set('Jason')
print(S)
```

其執行結果如下，集合為無序的資料型別，所以並不一定會依原本的順序印出資料：

```
{'n', 'J', 's', 'a', 'o'}
```

請參考以下串列轉成集合的範例：

```
S = set(['Jason', 'John', 1])
print(S)
```

其執行結果為：

```
{'Jason', 'John', 1}
```

串列中如有重複的元素，轉換成集合時會自動被刪除，請參考以下範例：

```
S = set(['Jason', 'Jason', 1])
print(S)
```

因字串「Jason」為重複的元素，只會留下 1 個，其執行結果為：

```
{'Jason', 1}
```

當字串內如有重複的字元，轉換成集合時會被刪除，請參考以下範例：

```
S = set('Jesse')
print(S)
```

其執行結果為：

```
{'J', 'e', 's'}   # 重複的字元 s 及 e 只會留下一個
```

6-5-1 集合元素增刪

如果想要對集合內的元素進行新增或刪除，我們可以使用 add( )函式或 remove( )函式，請參考以下範例：

```
S = set('Apple')
print(S)
S.add('B') #增加元素 B
print(S)
S.remove('A') #刪除元素 A
print(S)
```

其執行結果為：

```
{'A', 'p', 'e', 'l'}
{'e', 'B', 'p', 'l', 'A'}
{'e', 'B', 'p', 'l'}
```

程式範例：歌詞文字篩選程式

📄 參考檔案：6-5-1-1.py   ✏️ 學習重點：熟悉集合的使用

一、程式設計目標

　　使用 input( )函式讀入使用者輸入的歌詞，隨後將歌詞存入集合資料型別，印出集合的內容，如有重複的文字只會印出一個。此例中以五月天的知足歌詞為例：「怎麼去擁有一道彩虹怎麼去擁抱一夏天的風」當作輸入字串，其執行結果如下圖所示。

二、參考程式碼

列數	程式碼
1	# 歌詞文字篩選程式
2	song = input('請輸入一段歌詞：')
3	word = set(song)
4	print(word)
5	print('歌詞的字數：', len(song))
6	print('集合的字數：', len(word))
7	print("本段文字有%d 個重複的字" % (len(song)-len(word)))

三、程式碼解說

- 第 2 行：使用 input( )函式讀入使用者要查詢的歌詞字串。
- 第 3 行：將字串存入集合中。
- 第 7 行：使用 print( )函式輸出歌詞字數與集合字數的差。

6-5-2 集合運算

集合運算可以將兩個集合，進行聯集（|）、交集（＆）、差集（-）與互斥（^）運算，此處以下圖為例說明，集合 A 包含「1、2、3、4」元素，集合 B 包含「3、5、7」元素，其聯集代表存在集合 A 或存在集合 B 的元素，此例中為「1、2、3、4、5、7」；交集代表存在集合 A 且存在集合 B 的元素，此例中為「3」；A-B 差集代表存在集合 A 但不存在集合 B 的元素，此例中為「1、2、4」，B-A 差集代表存在集合 B 但不存在集合 A 的元素，此例中為「5、7」；互斥代表存在集合 A 但不存在集合 B 或存在集合 B 但不存在集合 A 的元素，此例中為「1、2、4、5、7」。

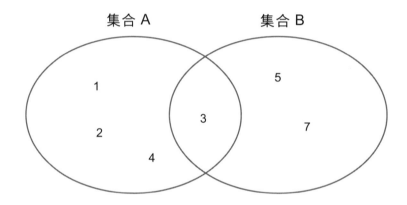

請參考以下範例：

```
A = set('1234')
B = set('357')
print(A | B)   # 聯集
print(A & B)   # 交集
print(A - B)   # A-B 差集
print(B - A)   # B-A 差集
print(A ^ B)   # 互斥
```

其執行結果為：

```
{'4', '7', '1', '5', '2', '3'}
{'3'}
{'1', '2', '4'}
{'7', '5'}
{'4', '7', '1', '5', '2'}
```

TIPs 集合比較

兩集合之間可以比較彼此含括的狀況，比較後會回覆「True」或「False」，
集合比較運算包括：子集合（<=）、真子集合（<）、超集合（>=）、真
超集合（>），請參考範例。

參考檔案：6-5-2-1.py

```
# 集合比較運算程式
A = set('123')
B = set('1234')
print(A <= B)   # 也可寫成 A.issubset(B)，A 皆在 B 中，回傳 True
print(A.issubset(B))   # A<=B 也可寫成 A.issubset(B)
print(A < B)   # A 皆在 B 中，且 B 至少有一個元素不存於 A，回傳 True
print(A >= B)   # 也可寫成 A.issuperset(B)，B 皆在 A 中，回傳 True
print(A.issuperset(B))   # A>=B 也可寫成 A.issuperset(B)
print(A > B)   # B 皆在 A 中，且 A 至少有一個元素不存於 B，回傳 True
```

其執行結果為：
```
True
True
True
False
False
False
```

6-5-3 複合資料型別整理

本章介紹了多種複合資料型別，包括：串列（List）、元組（Tuple）、字
典（Dict）、集合（Set）等，各個型別的使用方式整理如下：

- 串列型別：以中括號「[ ]」來包含不同型態的資料或是空串列，中間以
逗號分隔元素，存放其中的資料是以有序的方式排列，指派範例如下：

```
data_type_list = [35, 'Jason', True]
```

- 元組型別：以小括號「( )」來包含不同型態的資料或是空元組，中間以
逗號分隔元素，存放其中的資料是以有序的方式排列，其元素值「不能」
修改，指派範例如下：

```
data_type_tuple = (1, 'sky', 3.5)
```

- 字典型別：以大括號「{}」來包含不同型態的資料或是空字典，中間以逗號分隔元素，存放其中的資料是以無序的方式排列，透過鍵（Key）與值（Value）的對應方式來操作資料，指派範例如下：

```
data_type_dict1 = {'Apple': 50, 'Orange': 20, 'Banana': 15}
```

- 集合型別：以大括號「{}」來包含不同型態的資料或是空集合，中間以逗號分隔元素，存放其中的資料是以無序的方式排列，指派範例如下：

```
data_type_set = {'A', 3, 4}
```

6-6 程式練習

練習題 1：字串元素反轉程式

📑 參考檔案：6-6-1.py　　　　　　　　📝 學習重點：字串函式的使用

一、程式設計目標

　　使用者輸入英文句子，程式會以空格來切割句子，切成多個單字，並且在列印時由右至左印出內容，例如右圖為輸入「He is a student」句子的執行結果。

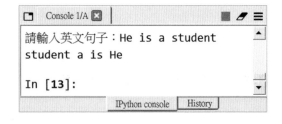

```
Console 1/A

請輸入英文句子：He is a student
student a is He

In [13]:

IPython console    History
```

二、參考程式碼

列數	程式碼
1	# 字串元素反轉程式
2	list1 = input('請輸入英文句子：')
3	words = list1.split()
4	temp = words[::-1]
5	print(' '.join(temp)) # 將串列合併成字串

三、程式碼解說

- 第 3 行：使用 split( ) 函式切割字串，此處使用預設值空白字元。
- 第 4 行：使用「(words[::-1]」運算，由右至左取得元素反轉的內容。

- 第 5 行：將串列以 join( ) 函式合併成字串後輸出。

練習題 2：找出共同字與共同字在第二段文字中的重複率程式

📄 參考檔案：6-6-2.py　　　　　　　　　✍ 學習重點：集合函式的使用

一、程式設計目標

　　使用者輸入兩段文字，程式會找出兩段文字內的共同字，以及共同字在第二段文字中的重複率，例如下圖為輸入第一段文字為「集合（Set）是無序的資料型別」，第二段文字為「集合內的元素不能重複喔」的執行結果。

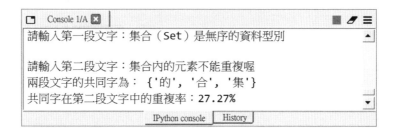

二、參考程式碼

列數	程式碼
1	# 找出共同字與共同字在第二段文字中的重複率程式
2	set1 = input('請輸入第一段文字：')
3	set2 = input('請輸入第二段文字：')
4	s1 = set(set1)
5	s2 = set(set2)
6	print('兩段文字的共同字為：', s1 & s2)
7	print('共同字在第二段文字中的重複率：%.2f%%' % (len(s1 & s2)/(len(s2))*100))

三、程式碼解說

- 第 2、3 行：使用 input( ) 函式讀入兩段文字。
- 第 4 行：將第一段文字放入集合 s1。
- 第 5 行：將第一段文字放入集合 s2。
- 第 6 行：使用集合的交集（&）運算，找出在兩段文字中皆有出現的字元。
- 第 7 行：使用 len( ) 函式計算共同字在第二段文字中的重複率。

練習題 3：通訊錄電話輸入與查詢程式

📋 參考檔案：6-6-3.py　　　　　　　　✍ 學習重點：字典的使用

一、程式設計目標

　　設計一個程式，可以讓使用者輸入姓名與通訊電話，當要結束輸入通訊資料時，可以輸入「-1」離開程式。接著可以查詢通訊錄姓名，程式會回應其通訊電話，執行結果如右圖所示。

　　如果查詢的姓名不在通訊錄內，程式會回應「該姓名不在通訊錄中喔！」，執行結果如右圖所示。

二、參考程式碼

列數	程式碼
1	# 通訊錄電話查詢程式
2	contact = {}
3	i = 1
4	name = ''
5	while(name != '-1'):
6	name = input('請輸入第%d 筆姓名(輸入-1 停止)：' % (i))
7	if(name == '-1'):
8	break
9	phone = input('請輸入第%d 筆電話：' % (i))
10	contact[name] = phone

```
11          i += 1
12      search = input('請輸入要查詢的姓名：')
13      print(contact.get(search, '該姓名不在通訊錄中喔！'))
```

三、程式碼解說

- 第 2 行：建立 contact 為空字典，此行程式也可以寫成「contact=dict( )」。

- 第 3 行：將變數 i 的初值設為 1。

- 第 4 行：將變數 name 設為空字串。

- 第 5~11 行：while 迴圈的終止條件設為「-1」，使用 input( )函式讀入使用者輸入的姓名與電話。第 7、8 行處理使用者在輸入姓名時輸入「-1」，直接跳離 while 迴圈，不需再輸入電話資料。第 10 行將姓名當作「鍵」，電話當作「值」，寫入 contact 字典中。

- 第 12 行：將使用者要查詢的姓名寫入變數 search。

- 第 13 行：使用 get( )函式，取得鍵所對應的值，如沒有該鍵則回傳所設的參數值，此處為「該姓名不在通訊錄中喔！」字串。

程式範例：進階版英翻中字典程式

📄 參考檔案：6-6-4.py　　　　　　　　　　📝 學習重點：熟悉字典的使用

一、程式設計目標

建立一個具有新增、刪除與查詢功能的英翻中字典，該字典會先列印出字典的內容，隨後讓使用者選擇要使用的功能，該字典可以連續使用，輸入「-1」則程式結束，程式執行畫面如圖所示。

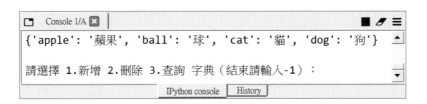

如果使用者選擇新增單字，新增了「eat」單字，其中文翻譯為「吃」，然後列印出新增單字後的字典，可以發現增加了 eat 單字，其執行結果如圖所示。

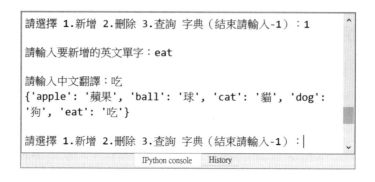

如果使用者選擇「刪除」單字，刪除了「ball」單字，然後列印出刪除單字後的字典，可以發現 ball 單字不見了，其執行結果如圖所示。

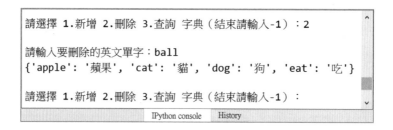

如果使用者選擇「查詢」單字，查詢了「dog」單字，然後程式會回應其翻譯為「狗」，其執行結果如圖所示。

輸入「-1」，則程式結束。

二、參考程式碼

列數	程式碼
1	# 進階版英翻中字典程式
2	dict1 = {'apple': '蘋果', 'ball': '球', 'cat': '貓', 'dog': '狗'}
3	print(dict1) # 列印字典內容
4	choice = '0'
5	while(choice != '-1'):
6	choice = input('請選擇 1.新增 2.刪除 3.查詢 字典（結束請輸入-1）:')
7	if(choice == '1'):
8	key = input('請輸入要新增的英文單字:')
9	value = input('請輸入中文翻譯:')
10	dict1[key] = value
11	print(dict1) # 列印字典內容
12	elif(choice == '2'):
13	key = input('請輸入要刪除的英文單字:')
14	del dict1[key]
15	print(dict1) # 列印字典內容
16	elif(choice == '3'):
17	key = input('請輸入要查詢的英文單字:')
18	print(dict1.get(key, '本字典查無此英文單字'))
19	elif(choice == '-1'):
20	break
21	else:
22	print('請輸入正確的選項！')

三、程式碼解說

- 第 2 行：建立字典資料型別並設定 4 筆英文單字與中文資料。

- 第 3 行：列印字典的內容。

- 第 5~22 行：使用 while 迴圈，不斷讀入使用者的功能選擇，直到讀入「-1」為止。迴圈內搭配字典的操作指令，達到新增、刪除與查詢等功能。

習題

選擇題

( ) 1. 建立串列資料型態要以下列何種符號來存放元素？

(a) {} (b) ()

(c) [] (d) ##

( ) 2. 可以使用哪一個字串函式只將字串中的第一個英文字母轉換成大寫？

(a) capitalize () (b) count ()

(c) title () (d) upper ()

( ) 3. 可以使用下列何種函式建立字典？

(a) key () (b) dict ()

(c) value () (d) set ()

( ) 4. 下列對於元組（Tuple）的描述何者有誤？

(a) 將元素置於小括號「( )」中

(b) 可以包含不同型態的資料或是空集合

(c) 存放其中的資料是以有序的方式排列

(d) 可以改變其內容的資料型別

( ) 5. 下列對於集合（Set）的描述何者有誤？

(a) 是無序的資料型別

(b) 集合會自動刪除重複的元素

(c) 不可以使用 set( )函式建立集合

(d) 集合是將元素置於大括號「{}」

( ) 6. 下列程式碼執行後，會輸出何值？

```
A_1 = [5, 9]
A_2 = [3, 5]
A_3 = A_1 + A_2
A_4 = A_3 * 2
print(A_4)
```

(a) [[5, 9], [3, 5], [5, 9], [3, 5]]

(b) [5, 9, 3, 5, 5, 9, 3, 5]

(c) [10, 18, 6, 10]

(d) [[5, 9, 3, 5], [5, 9, 3, 5]]

( ) 7. 一個名為 digits 的字串包含 50 個 0 與 1，依序從 1 編號到 50，應使用下列何者來找出編號為偶數的數值？

(a) digits[1:3]   (b) digits[0::2]

(c) digits[2:4]   (d) digits[1::2]

( ) 8. 執行以下程式碼之輸出結果為何者？

```
num = [1, 2, 3, 4]
print(3 in num)
```

(a) 3   (b) 4

(c) True   (d) False

( ) 9. 執行以下程式碼之輸出結果為何者？

```
dict1 = {'Apple': 50 ,'Orange': 20, 'Banana': 15}
print(dict1['Orange'])
```

(a) 50   (b) 20

(c) 15   (d) 50 20 15

( ) 10. 下列何者為集合運算的聯集符號？

(a) &   (b) -

(c) | (d) ^

( ) 11. 執行以下程式碼之輸出結果為何者？

```
dict1 = {'A': 11, 'B': 22, 'C': 33}
print(dict1.get('D'))
```

(a) False   (b) 44

(c) None   (d) True

（　）12. 執行以下程式碼之輸出結果為何者？

```
dict1 = {'A': 11, 'B': 22, 'C': 33}
print('B' in dict1)
```

(a) Yes   (b) False

(c) No   (d) True

（　）13. 執行以下程式碼之輸出結果為何者？

```
dict1 = {'A': 11, 'B': 22}
a, b = dict1.values()
print(a)
```

(a) A   (b) B

(c) 11   (d) 12

（　）14. 執行以下程式碼之輸出結果為何者？

```
A = set('1234')
B = set('357')
print(A & B)
```

(a) {'2', '3', '5', '7', '1', '4'}   (b) {'3'}

(c) {'2', '1', '4'}   (d) {'7', '5'}

（　）15. 執行以下程式碼之輸出結果為何者？

```
A = [1, 2, 3, 4]
print(A[3])
```

(a) 1   (b) 2

(c) 3   (d) 4

問答題

1. 請舉例說明串列的概念與語法。

2. 請說明字典與串列的差別，並說明字典的指派語法。

3. 請舉例並說明集合元素的增刪方法。

函式 7

函式(Function)可以視為是一種獨立的模組，一段程式敘述的集合，透過函式的呼叫，可以使用該段程式碼的功能。正確的使用函式，可以使程式的可讀性增加，也可以使程式在偵錯及修改上更為容易。

函式是結構化語言的一個重要元素，使用函式可以將一個複雜的程式難題，分解為數個較小的問題，分別用函式表現出來，將大程式切割後，可分由多人撰寫，縮短程式開發時間。另外，可以將某項功能的程式碼寫成函式，當其他的程式需要使用該功能時，呼叫函式即可。

Python 語言提供了功能強大的標準函式庫，另外還有許多第三方公司所開發的函式，善用這些函式有利於程式問題的解決。另外，還可以使用 import 敘述來引入特定功能的套件（多個函式的組合），來解決程式設計問題。

7-1 函式的定義與呼叫

除了 Python 內建的函式與標準函式庫之外，程式設計師可以利用 def 關鍵字，自行定義函式來解決問題。解決問題的過程中，通常我們為了程式碼的可讀性以及程式專案的規劃，通常會將程式切割成一個個功能明確的函式，Python 定義函式的語法如下：

```
def 函式名稱(參數串列):
    程式區塊
    return 值
```

函式語法的相關說明如下：

- 函式名稱：由程式設計者依 Python 識別字名稱的命名規範來自訂。
- 參數串列：參數串列部分可以省略也可以包含多個參數，多個參數之間以逗號來分隔。
- 程式區塊：此為函式主體，可以包含單行或多行敘述，依程式的設計而定。
- return 指令：函式可以有傳回值或沒有傳回值，當有傳回值時，需搭配 return 指令來回傳，多個傳回值之間以逗號來分隔。

函式建立後並不會被呼叫執行，必須在程式中呼叫函式名稱，才會執行該函式，呼叫函式的語法如下：

```
[變數=] 函式名稱 (引數串列)
```

- 變數：用於接收函式運算後的傳回值，如沒有傳回值，不需加入變數資料。
- 引數串列：當定義函式時有設計參數串列，則呼叫函式時，需加入相對應的引數串列，在多個引數之間以逗號來分隔。

請參考無參數列函式的定義與呼叫範例：

📄 參考檔案：7-1-1.py

定義一個無參數列函式 hello，隨後呼叫函式 3 次，最後印出一個字串來總結，程式碼如下。

```python
def hello():
    print('歡迎光臨 Python 世界，Python 程式語言很有威力！')
hello()
hello()
hello()
print('很重要，所以說 3 次！')
```

程式執行結果：

請參考有參數列函式的定義與呼叫範例：

📄 參考檔案：7-1-2.py

定義一個有參數列的函式 hello，其參數名稱為「name」，隨後以不同的姓名字串當作引數來呼叫函式，程式碼如下。

```
def hello(name):
    print('歡迎', name, '光臨 Python 世界，Python 程式語言很有威力！')
hello('Jason')
hello('ChiLung')
```

程式執行結果：

7-2 多個參數的函式呼叫

若函式定義了 2 個參數，則進行函式呼叫時，必須傳遞 2 個引數，當傳遞的引數不足或超過定義的參數個數，都會產生錯誤。另外，函式呼叫所傳遞的引數是具有順序性的。

定義函式時，我們可以為參數設定初值，當呼叫函式時，如果沒有引數傳入該參數，就會使用其初值，參數設定初值的方法為使用指定運算子「＝」來設定即可，請參考以下的範例。

程式範例：3 個參數的加法函式程式

📑 參考檔案：7-2-1.py　　　　　✍ 學習重點：熟悉多個參數的函式使用

一、程式設計目標

定義 3 個參數的函式 add，運用函式呼叫，讓使用者輸入參數 a,b,c 的引數值，進行 3 數的加法並印出結果，其執行結果如右圖所示。

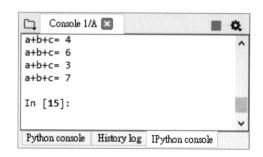

二、參考程式碼

列數	程式碼
1	#3 個參數的加法函式程式
2	def add(a, b, c=1): #3 個參數 a,b,c，參數 c 給初值 1
3	print('a+b+c=', a+b+c)
4	add(1, 2, 1)
5	add(1, 2, 3) #第 3 個引數的值會覆蓋參數 c 的初值
6	add(1, 1) #引數少了 1 個，但參數 c 有指定初值 1，故仍可順利執行
7	add(a=1, c=1, b=5) #如有指定參數名稱，則引數位置可不需依序

三、程式碼解說

- 第 2 行：使用 def 關鍵字定義 3 個參數 a,b,c 的加法函式 add，並將參數 c 給初值 1。

- 第 3 行：使用 print( )函式印出參數 a+b+c 的結果。

- 第 4 行：以引數串列(1,2,1)呼叫函式 add，其執行結果為 4。

- 第 5 行：以引數串列(1,2,3)呼叫函式 add，第 3 個引數的值 3，會覆蓋參數 c 的初值 1，其執行結果為 6。

- 第 6 行：以引數串列(1,1)呼叫函式 add，引數少了 1 個，但參數 c 有指定初值 1，故仍可順利執行，其執行結果為 3。

- 第 7 行：以引數串列(a=1,c=1,b=5) 呼叫函式 add，此處的引數值有指定參數名稱，則引數位置可不需依序排列，其執行結果為 7。

> **📎 TIPs 引數不足的錯誤**
>
> 當引數個數少於參數個數，又該參數沒有指定初值時，會發生函式呼叫的錯誤，例如以下程式範例：
>
> ```
> def add(a, b, c=1): #3 個參數 a,b,c，參數 c 給初值 1
>     print('a+b+c=', a+b+c)
> add(1) #少了 2 個引數，參數 c 雖有給初值，但參數 b 沒有引數，程式發生錯誤
> ```
>
> 其執行結果為：
>
> ```
> TypeError: add() missing 1 required positional argument: 'b'
> ```

7-3 函式回傳值

函式可以有「傳入值」，也可以有「回傳值」，return 關鍵字可以將變數傳回呼叫它的函式內。部分的函式設計會進行相關運算，當函式運算完畢後，使用 return 關鍵字，回傳函式之計算結果。函式的回傳值可以有多筆資料，請參考以下的程式範例。

程式範例：自行給定起始值與終止值之累加與乘積函式程式

📄 參考檔案：7-3-1.py　　　　　　✏️ 學習重點：熟悉多個函式回傳值的使用

一、程式設計目標

運用函式設計一個程式，讓使用者輸入起始值與終止值，將 2 筆資料傳給函式 cal 進行累加與乘積運算，函式運算結束後回傳累加值與乘積值。下圖為輸入起始值為「1」，終止值為「5」的執行結果。

二、參考程式碼

列數	程式碼
1	# 自行給定起始值與終止值之累加與乘積函式程式
2	def cal(num1, num2):
3	Sum = 0
4	multiplied = 1
5	for num in range(num1, num2+1):
6	Sum += num
7	multiplied *= num
8	return Sum, multiplied
9	begin = int(input('起始值：'))
10	end = int(input('終止值：'))
11	Sum, multiplied = cal(begin, end)
12	print('函式計算結果之累加和為%d，乘積值為%d' % (Sum, multiplied))

三、程式碼解說

- 第 2 行：使用 def 關鍵字定義 2 個參數 num1 和 num2 的函式 cal。

- 第 3 行：設定累加值變數 Sum 的初值為 0。

- 第 4 行：設定乘積值變數 multiplied 的初值為 1。

- 第 5~7 行：使用 for 迴圈進行累加值與乘積值的計算。

- 第 8 行：回傳 2 個變數值，一個是累加值變數 Sum，一個是乘積值變數 multiplied。

- 第 9 行：使用 input( )輸入函式並設定變數 begin，儲存使用者輸入的起始值數字，讀進來的資料是字串型態，使用 int( )函式強制轉型為整數型態。

- 第 10 行：使用 input( )輸入函式並設定變數 end，儲存使用者輸入的終止值數字，讀進來的資料是字串型態，使用 int( )函式強制轉型為整數型態。

- 第 11 行：以起始值 begin 和終止值 end 當作引數，呼叫函式 cal，並將計算後的回傳值存入變數 Sum 和變數 multiplied 中。

- 第 12 行：使用 print( )函式印出變數 Sum 和變數 multiplied 的內容。

7-4 引數的傳遞

　　每一個函式都是獨立的，一般來說，函式只瞭解自己程式區塊的資料，並不認識函式外的任何變數，因此當我們需要外部的資料時，就必須將資料以引數的方法傳遞進函式。

　　Python 中對於引數傳遞的作法，是採用 pass by object reference 的方式，其作用方式說明如下：

- 當傳遞的資料是不可變物件(immutable object)時，如：字串資料，Python 會產生一個新的物件存放運算後的結果，再將函式內的變數指向新的物件，並不會影響主程式內的字串資料內容。
- 當傳遞的資料是可變物件(mutable object)時，如：串列資料，傳遞的是物件的記憶體位址，所以在函式內是可以修改該物件的內容，當進行附加、刪除或修改元素等動作，則主程式的串列內容會同步被改變。

　　接下來，我們以一個程式範例來檢視 Python 引數傳遞的作用，此範例會搭配 id( )函式來檢視物件變數在記憶體中的位址，該值在程式的生命週期中，是一個唯一且固定的整數值。由範例中可以觀察出，不可變的物件如字串，在函式內外是兩個不同的記憶體位址；而可變的物件如串列，在函式內外都是相同的記憶體位址，所以，函式內的操作動作，都會影響主程式內的資料內容。

程式範例：驗證 Python 的引數傳遞程式

📄 參考檔案：7-4-1.py　　　✒️ 學習重點：熟悉可變物件與不可變物件引數傳遞的差異

一、程式設計目標

　　運用函式設計一個程式，內有主程式及一自訂函式。主程式設定一個名字字串，一個分數串列，先在主程式印出設定好的內容。接著以兩個資料當作引數，呼叫自訂函式 name_s，在函式內修改名字字串與增加分數串列的值，並印出在函式內修改後的內容。最後，回到主程式印出名字字串與分數串列的內容。在輸出資料的過程中，搭配 id( )函式，觀察物件變數的記憶體位址，其執行結果如下圖所示。

```
函式呼叫前的名字字串及分數串列
==============================
名字：  Jason 記憶體位址：  2590461066736
分數：  [96, 88] 記憶體位址：  2590476711360

在函式內部印出修改後的新名字字串及分數串列
========================================
名字：  ChiLung 記憶體位址：  2590476739312
分數：  [96, 88, 98] 記憶體位址：  2590476711360

呼叫函式後，印出原本的名字字串及分數串列
=====================================
名字：  Jason 記憶體位址：  2590461066736
分數：  [96, 88, 98] 記憶體位址：  2590476711360
```
                                                    IPython console   History

二、參考程式碼

列數	程式碼
1	# 驗證 *Python* 的引數傳遞程式
2	def name_s(name, score):
3	name = 'ChiLung' # 設定名字字串
4	score.append(98) # 分數串列加上新的項目
5	print('\n 在函式內部印出修改後的新名字字串及分數串列')
6	print('==')
7	print('名字：', name, '記憶體位址：', id(name))
8	print('分數：', score, '記憶體位址：', id(score))
9	
10	name = 'Jason' # 原本的名字字串
11	score = [96, 88] # 原本的分數串列
12	print('函式呼叫前的名字字串及分數串列')
13	print('==============================')
14	print('名字：', name, '記憶體位址：', id(name))
15	print('分數：', score, '記憶體位址：', id(score))
16	
17	name_s(name, score) # 呼叫函式，引數是字串與串列
18	print('\n 呼叫函式後，印出原本的名字字串及分數串列')
19	print('=====================================')
20	print('名字：', name, '記憶體位址：', id(name))
21	print('分數：', score, '記憶體位址：', id(score))

三、程式碼解說

- 第 2 行：使用 def 關鍵字定義 2 個參數 name 和 score 的函式 name_s。

- 第 3 行：在 name_s 函式設定名字字串變數 name 的值為「ChiLung」。

- 第 4 行：在 name_s 函式對分數串列 score 加上新的項目「98」。

- 第 5~8 行：使用 print( ) 函式輸出 name_s 函式的內容，id( ) 函式可以顯示物件的記憶體位址。

- 第 10 行：在主程式設定名字字串變數 name 的值為「Jason」。

- 第 11 行：在主程式設定分數串列 score 的值為[96, 88]。

- 第 12~15 行：使用 print( ) 函式輸出尚未呼叫函式 name_s 的變數內容，id( ) 函式可以顯示物件的記憶體位址。

- 第 17 行：在主程式呼叫函式 name_s，一個引數是姓名字串 name，一個引數是分數串列 score。

- 第 18~21 行：使用 print( ) 函式印出呼叫函式 name_s 後的物件變數內容，id( ) 函式可以顯示物件的記憶體位址。

TIPs 變數有效範圍

每一個變數都有自己的生命週期（scope），當一個變數被定義時，也決定了這個變數存在的範圍。變數依有效範圍可以分為區域變數與全域變數兩類，說明如下：

- 區域變數：在函式內定義的變數，其作用有效範圍限於該函式範圍內。
- 全域變數：在函式外定義的變數，其作用有效範圍為整個 Python 檔案。

7-5 模組與套件

在 Python 中，模組（Module）是指包含相關定義好的函式，使用 import 指令可以將模組匯入檔案中，然後程式開發者可以使用模組中的函式，加快程式的開發。套件（Package）是指包含了許多相關的模組，以目錄的架構來組成，變成一個模組庫或函式庫，一樣也是使用 import 指令將套件匯入到檔案中。

7-5-1 匯入單一套件

Python 內建許多功能強大的標準函式庫，需要使用 import 命令來匯入才能使用，其語法如下：

```
import 套件名稱
```

random 套件可隨機產生亂數，如要匯入 random 套件，其程式碼如下：

```
import random
```

匯入套件後，就可以使用套件中的函式，使用套件函式的語法為：

```
套件名稱.函式名稱
```

此處以 random 套件的 randint( )函式為例，該函式會亂數產生兩數之間的任一整數，以下以亂數產生 1 到 100 之間的整數為例，其參考程式碼為：

```
import random
random.randint(1, 100)   # 生成的隨機亂數大於等於 1，小於等於 100
```

有時我們想要省略套件名稱的輸入，加快程式的輸入效率，我們會使用下列語法，一次將套件內的函式全部匯入。

```
from 套件名稱 import *
```

以下同樣以亂數產生 1 到 100 之間的整數為例，其程式碼如下：

```
from random import *  # 匯入 random 套件的所有函式
randint(1, 100)  # 省略套件名稱 random
```

雖然一次匯入該套件的所有函式寫法相當方便，但在多個套件中具有相同名稱函式時，容易造成函式引用的錯誤。因此，為了避免錯誤的發生，有以下兩種不同寫法。

- 方法一：直接指定要引用的套件函式名稱，其語法如下：

  ```
  from 套件名稱 import 函式 1, 函式 2, 函式 3…
  ```

- 方法二：將套件名稱另外命名一個較簡短的別名，其語法如下：

  ```
  import 套件名稱 as 別名
  ```

例如：我們將 random 套件另外命名為 rd，就可以使用「套件名稱.函式名稱」的呼叫方式了，請參考以下的程式碼：

```
import random as rd #將 random 套件另外命名為 rd
rd.randint(1, 100) #使用套件別名來呼叫函式
```

　　randrange( )函式是另一個產生隨機整數的方法，其格式為（最小值,最大值, 間隔值），該函式可以設定亂數產生的間隔，例如：

```
randrange(5, 100, 5) #產生數字是 5 的倍數，最小值 5，最大值小於 100，其選值範圍 5、10、15、20……95
```

　　如果要產生從 0 開始到小於 1.0 的隨機浮點數，會使用 random( )函式，該函式沒有參數，其程式碼如下：

```
import random as rd
rd.random()   # 產生最小值大於等於 0，最大值小於 1.0 的隨機浮點數
```

程式範例：自訂亂數範圍與個數程式

参考檔案：7-5-1-1.py　　　　　　　　　　　學習重點：熟悉 import 的差異

一、程式設計目標

　　運用 random 套件的 randint( )函式設計一個程式，使用者可以輸入亂數的起始值、亂數的終止值以及亂數的個數，程式會自動產生在範圍內的指定個數之亂數，其執行結果如右圖所示。

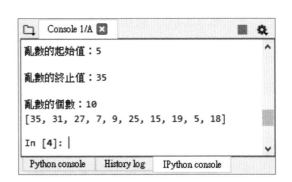

二、參考程式碼

列數	程式碼
1	# 自訂亂數範圍與個數程式
2	from random import randint
3	def Rand_Go(x, y, z): # 有 3 個參數，亂數之起點、終點與亂數個數
4	count = 1
5	result = []
6	while count <= z:
7	number = randint(x, y)
8	result.append(number)
9	count += 1
10	return result
11	x = int(input('亂數的起始值：'))
12	y = int(input('亂數的終止值：'))

```
13    z = int(input('亂數的個數：'))
14    MyRand = Rand_Go(x, y, z)   # 呼叫自訂函式 Rand_Go
15    print(MyRand)
```

三、程式碼解說

- 第 2 行：從 random 套件匯入 randint 函式。
- 第 3 行：使用 def 關鍵字定義 3 個參數 x、y 和 z 的函式 Rand_Go。
- 第 6~9 行：使用 while 迴圈，當計數小於等於使用者設定的亂數個數時，會在 result 串列加入範圍內新的亂數值。
- 第 10 行：回傳 result 串列。
- 第 11 行：使用 input( )函式讀入使用者輸入的亂數範圍起始值，並將資料轉成整數型態後存入變數 x。
- 第 12 行：使用 input( )函式讀入使用者輸入的亂數範圍終止值，並將資料轉成整數型態後存入變數 y。
- 第 13 行：使用 input( )函式讀入使用者輸入的亂數個數，並將資料轉成整數型態後存入變數 z。
- 第 14 行：在主程式呼叫函式 Rand_Go，並把變數 x、變數 y 及變數 z 當作引數傳遞。函式的回傳值指定給 MyRand 串列。
- 第 15 行：使用 print( )函式印出 MyRand 串列的內容。

> 📎 **TIPs 產生不重複的亂數**
>
> 在上述範例中，當需要產生多個亂數時，可能會產生相同數值的亂數，這在某些應用場景中是不被允許的，因此，我們可以運用 random 套件的 shuffle 函式，將串列資料隨機排列，修改一下程式來取出不重複的亂數，其參考程式碼如下：
>
> 📄 參考檔案：7-5-1-2.py
>
> ```
> # 自訂亂數範圍與個數程式(不重複亂數)
> import random as rd
> def Rand_Go(x, y, z):   # 有 3 個參數，亂數之起點、終點與亂數個數
>     count = 0
>     result = []
>     n = [i for i in range(x, y+1)]
>     rd.shuffle(n)   # 運用 shuffle 函式來打亂串列的元素
> ```

```
    while count < z:
        result.append(n[count])    # 打亂元素後再從前端取
        count += 1
    return result
x = int(input('亂數的起始值：'))
y = int(input('亂數的終止值：'))
z = int(input('亂數的個數：'))
MyRand = Rand_Go(x, y, z)    # 呼叫自訂函式 Rand_Go
print(MyRand)
```

7-5-2　匯入多個套件

如果想要一次匯入多個套件，則我們可以使用逗號來分隔各個套件名稱，其 import 語法如下：

```
import 套件名稱 1, 套件名稱 2, 套件名稱 3…
```

7-5-3　第三方套件的安裝

Python 最讓程式開發者欣賞的優點，是擁有大量第三方所開發的套件可以匯入使用，要匯入之前需先確認該套件已安裝。

我們在安裝 Anaconda 軟體時，已經同時安裝了許多科學、數據分析、工程等 Python 套件，如果要顯示 Anaconda 已經安裝的套件，其步驟為選取執行功能表列的【Anaconda3(64-bit)/Anaconda Prompt(anaconda3)】選項，會出現類似命令提示字元的視窗，如圖所示。

在命令提示處輸入「conda list」指令，會依字母順序出現已安裝的套件名稱與版本資訊。

對於已經安裝的套件，輸入「conda update 套件名稱」指令，會進行該套件的更新動作。例如要針對 ipython 套件進行更新，其指令為「conda update ipython」，接著，Anaconda Prompt 視窗會請開發者確定是否要更新，確定更新請輸入「y」，不更新請輸入「n」，如圖所示。

如要進行未安裝套件的安裝，輸入「conda install 套件名稱」指令；如要解安裝套件，輸入「conda uninstall 套件名稱」指令即可。

7-5-4 常用內建函式

Python 有許多常用的內建函式，程式開發者可以呼叫內建函式來撰寫程式，先前有用過的 int( )函式或是 range( )函式，都是 Python 的內建函式，以下介紹一些常用的內建函式。

函式	意義	範例	運算結果
abs(x)	取得數值 x 的絕對值	abs(-3)	3
		abs(5.6)	5.6
bool(x)	將 x 轉成布林值	bool(1)	True
		bool(3>5)	False
chr(x)	取得整數 x 的字元	chr(65)	A
		chr(97)	a
float(x)	將 x 轉成浮點數	float(3)	3.0
hex(x)	將數值 x 轉成 16 進位	hex(17)	0x11
max(串列)	取得串列中的最大值	max(1,2,3,4,5)	5
min(串列)	取得串列中的最小值	min(1,2,3,4,5)	1
oct(x)	將數值 x 轉成 8 進位	oct(17)	0o21
ord(x)	取得字元 x 的 Unicode 編碼值	ord('李')	26446
		ord('a')	97
pow(x,y)	計算 x 的 y 次方值	pow(6,3)	216
sorted(串列)	將串列由小到大排序	sorted([1,3,5,2,4])	[1, 2, 3, 4, 5]
str(x)	將 x 轉換成字串	str(35)	'35'
sum(串列)	將串列加總的和	sum([1,3,5])	9

TIPs sorted( )函式的 reverse 參數

sorted( )函式加上「reverse=True」參數，則可以變成由大到小的排序規則，請參考下列程式碼範例：

```
sorted([1,3,5,2,4], reverse=True)
```

其執行結果如下：

```
[5, 4, 3, 2, 1]
```

7-6 遞迴函式

遞迴函式(recursive function)的定義是：一個函式直接（在程式敘述內直接呼叫函式本身）或間接（程式敘述內呼叫其他函式，在該函式內又呼叫了原先的函式）的呼叫函式本身，稱為遞迴函式。

許多數學公式都以遞迴的方式定義，例如：如果我們想計算 n!（n 階乘），其公式為「n! = n * (n-1) * (n-2) × … * 2 * 1」，可以利用「n! = n * (n-1)!」這一個公式來計算。

以下介紹三種可寫出階乘功能函式的方法：

方法一：非遞迴的階乘功能函式寫法

方法一是使用 for 迴圈依使用者輸入的階乘數值，來累積其相乘的結果。

📄 參考檔案：7-6-1.py

```
#非遞迴的階乘功能函式寫法
# 非遞迴的階乘功能函式寫法
def fact(i):
    result = 1
    for j in range(1, i+1):
        result *= j
    return result
fac = int(input('(非遞迴寫法)請輸入要計算的階乘:'))
print('%d!=%d' % (fac, fact(fac)))
```

執行結果如圖所示：

方法二：遞迴的階乘功能函式寫法

方法二是當數值大於等於 2 時，進行遞迴呼叫，讓自訂函式 factR( )數值減 1，再繼續遞迴呼叫，直到數值小於等於 1 時才會終止。

📄 參考檔案：7-6-2.py

```
# 遞迴的階乘功能函式寫法
def factR(x):
    if x <= 1:
        return 1
    else:
        return (x * factR(x - 1))
fac = int(input('(遞迴寫法)請輸入要計算的階乘:'))
print('%d!=%d' % (fac, factR(fac)))
```

執行結果如圖所示：

方法三：呼叫數學套件 math 的階乘功能函式寫法

Python 的 math 套件提供了階乘計算的函式，只要傳入數值到 factorial( )函式就可得到階乘計算的結果，此方法要先匯入 math 套件。

📄 參考檔案：7-6-3.py

```
# 呼叫數學套件math 的階乘功能函式寫法
import math  # 匯入 math 套件
fac = int(input('(數學函式寫法)請輸入要計算的階乘:'))
print('%d!=%d' % (fac, math.factorial(fac)))
```

執行結果如圖所示：

程式範例：費氏數列（遞迴寫法）

📄 參考檔案：7-6-4.py　　　　　　　　　✏️ 學習重點：練習遞迴函式

一、程式設計目標

　　費氏數列為由 0 和 1 開始，之後的費氏數列係數由之前的兩數相加而成，費氏數列的公式為：

```
f(0) = 0
f(1) = 1
f(n) = f(n-1) + f(n-2) 其中n>=2
```

　　使用遞迴函式的方式寫一程式，計算費氏數列的第 n 項。從第 1 項開始的費氏數列係數為：1,1,2,3,5,8,13,21,34,55…，右圖為輸入「8」的執行結果。

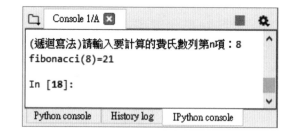

二、參考程式碼

列數	程式碼
1	# 遞迴寫法費氏數列
2	def f(x):
3	if x == 0:
4	return 0
5	elif x == 1:
6	return 1
7	else:
8	return (f(x-1) + f(x-2))
9	fac = int(input('(遞迴寫法)請輸入要計算的費氏數列第n 項：'))
10	print('fibonacci(%d)=%d' % (fac, f(fac)))

三、程式碼解說

- 第 3、4 行：撰寫遞迴函式時，需注意函式的終止條件，第 3 行的 if 判斷式，為費氏數列第 0 項的遞迴函式終止條件。

- 第 5、6 行：第 5 行的 elif 判斷式，為費氏數列第 1 項的遞迴函式終止條件。

- 第 7、8 行：當數值未達遞迴函式終止條件時，會進行 f 前兩項的遞迴函式呼叫。

程式範例：費氏數列（迴圈寫法）

📄 參考檔案：7-6-5.py　　　　　　✏️ 學習重點：練習用迴圈來寫費氏數列

一、程式設計目標

　　寫一程式，利用迴圈的方式，計算費氏數列的第 n 項。右圖為輸入「7」的執行結果。

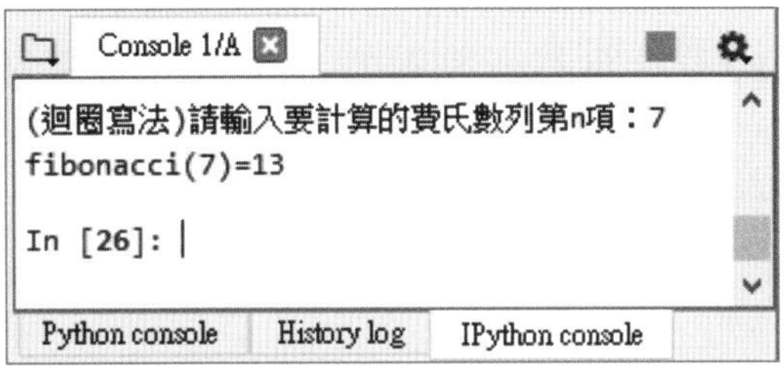

```
Console 1/A ☒                          ■ ⚙

(迴圈寫法)請輸入要計算的費氏數列第n項：7
fibonacci(7)=13

In [26]: |

Python console   History log   IPython console
```

二、參考程式碼

列數	程式碼
1	# 迴圈寫法費氏數列
2	def f(x):
3	pre = 0
4	fi = 1
5	for i in range(1, x):
6	Sum = pre + fi　# 加出下一項
7	pre = fi　# 記錄前一項
8	fi = Sum　# 第 i 項
9	return fi
10	fac = int(input('(迴圈寫法)請輸入要計算的費氏數列第 n 項：'))
11	print('fibonacci(%d)=%d' % (fac, f(fac)))

三、程式碼解說

- 第 5~8 行：利用 for 迴圈來做費氏數列的計算，依據費氏數列的計算公式，第 i 項為第 i-1 項加上第 i-2 項。

7-7　程式練習

練習題 1：計算某數的 n 次方

📄 參考檔案：7-7-1.py　　　　　📝 學習重點：練習函式的雛型定義與呼叫

一、程式設計目標

撰寫一程式，呼叫一個自訂函式 f( )，計算某一整數的 n 次方。右圖為輸入整數「6」與次方「3」的執行結果，程式會計算出 6 的 3 次方，其值為「216」。

右圖為輸入整數「2」與次方「10」的執行結果，程式會計算出 2 的 10 次方，其值為「1024」。

二、參考程式碼

列數	程式碼
1	# 計算某數的 n 次方
2	def f(x, n):
3	k = x
4	for i in range(1, n):
5	x = x * k
6	return x
7	x = int(input('請輸入要計算的整數：'))
8	n = int(input('請輸入要計算的次方數：'))
9	print('%d 的%d 次方=%d' % (x, n, f(x, n)))

三、程式碼解說

- 第 2~6 行：為 f( )函式範圍，利用 for 迴圈計算次方值，然後將結果用 return 傳回。
- 第 9 行：呼叫自訂 f( )函式。

計算某數的 n 次方程式,除了設計自訂函式外,也可以呼叫 Python 內建的 pow( )函式來計算,參考程式碼如下:

```
x = int(input('請輸入要計算的整數:'))
n = int(input('請輸入要計算的次方數:'))
print('%d 的%d 次方=%d' % (x, n, pow(x, n)))
```

練習題 2:組合數的計算

📑 參考檔案:7-7-2.py　　　　　　　　📝 學習重點:遞迴函式的使用

一、程式設計目標

　　排列組合中,從 5 個物品中取出 3 個物件有 C(5,3)種組合方式,組合數 C 可用以下公式計算:C(n,r) = n! / (r!*(n-r)!),寫成遞迴的公式為:C(n,r) = C(n-1,r) + C(n-1,r-1),請寫一個程式,使用遞迴的方式計算組合數。

　　右圖為輸入整體項目 n 為「9」,抽出的個數為「4」的執行結果,C(9,4)＝126。

二、參考程式碼

列數	程式碼
1	# 組合數的計算
2	def C(n, r):
3	if(n < r or r < 0): # n 必須大於 r,r 必須大於等於 0
4	return -1
5	if(n == r or r == 0): # 取相同數目與取 0 種的方法都只有一個
6	return 1
7	return C(n-1, r) + C(n-1, r-1) # 組合公式
8	x = int(input('請輸入整體項目 n:'))
9	n = int(input('請輸入抽出的個數 r:'))
10	print('C(%d,%d)=%d' % (x, n, C(x, n)))

三、程式碼解說

- 第 2~7 行：為取排列組合數的函式。
- 第 3、4 行：取組合個數時，「n < r」或「r<0」都是不合法的，此時會回傳「-1」。
- 第 5、6 行：取相同數目與取 0 種的方法都只有一個，也就是「n == r」或「r == 0」時會回傳「1」。
- 第 7 行：利用遞迴的方式完成組合數的計算。

練習題 3：終極密碼

📄 參考檔案：7-7-3.py　　　　　　📝 學習重點：亂數函式 randint( )的使用

一、程式設計目標

　　終極密碼是一個大家常玩的遊戲，規則是由一個人在心中想好一個數字，規定一個範圍，大家輪流猜，猜中的人算輸。如果沒猜中，範圍就往正確值所在的方向去縮小範圍。例如：一開始範圍是 1~1000，答案是 512，有人猜 600 沒猜到，範圍變成 1~600…，一直玩到猜中為止。

　　請寫一個程式隨機產生一個數字，讓使用者玩終極密碼遊戲，此遊戲的亂數範圍為 1~1000。右圖為猜測終極密碼的過程，每一次的終極密碼值都不同喔！如果玩家猜對了密碼值，就會在螢幕上印出「恭喜，您猜對了喔！」。

二、參考程式碼

列數	程式碼
1	# 終極密碼猜測程式
2	import random # 匯入 random 套件
3	answer = random.randint(1, 1000)
4	left = 1
5	right = 1000
6	while(1):
7	guess = int(input('目前範圍 %d ~ %d ,請猜:' % (left, right)))
8	if(guess > right or guess < left):
9	print('')
10	continue
11	if(guess == answer):
12	break
13	else:
14	if(guess > answer):
15	right = guess
16	else:
17	left = guess
18	print('恭喜,您猜對了喔!')

三、程式碼解說

- 第 3 行:使用 random 套件的 randint( )函式,產生介於 1~1000 之間的亂數,當作終極密碼值,存入變數 answer 中。

- 第 4、5 行:定義遊戲的區間,left 值設為 1,right 值設為 1000。

- 第 6~17 行:使用 while 迴圈,直到猜中終極密碼 guess == answer(程式碼第 11 行),才會離開迴圈,而且會不斷調整 left 值和 right 值來逼近終極密碼 answer 值。

習題

是非題

( ) 1. 程式設計師可以利用 def 關鍵字，自行定義函式。

( ) 2. 函式可以有傳入值，不可以有回傳的值。

( ) 3. bool (x)函式為將 x 轉成布林值型態。

( ) 4. randint (1,100)函式可以產生亂數值 101。

( ) 5. 當要同時匯入多個套件時，需要以逗號隔開套件名稱。

選擇題

( ) 1. 下列程式碼之執行結果為何？

```
def check_Type(value):
    data = type(value)
    return data
print(check_Type(True))
```

(a) <class 'bool'>　　　　　　(b) <class 'data'>

(c) <class 'type'>　　　　　　(d) <class 'true'>

( ) 2. 下列 Python 程式碼何者語法正確？

(a) // 返回學生成績　　　　　　(b) def get_score():
　　def get_score():　　　　　　　　# 返回學生成績
　　　　return score　　　　　　　　　return score

(c) def get_score():　　　　　　(d) '返回學生成績
　　　/*返回學生成績*/　　　　　　　def get_score():
　　　return score　　　　　　　　　　return score

( ) 3. 將 random 套件另外命名為 rd 的正確語法為下列何者？

(a) from random as rd

(b) import random as rd

(c) from random import rd

(d) import rd from random

（　）4. 如果想生成最小值為 3，最大值為 8 的隨機整數，請問下列何者正確？

(a) random.randint(3, 8)　　　(b) random.randint(2, 7)

(c) random.random(3, 8)　　　(d) random.random(2, 7)

（　）5. 如果想生成最小值為 0.0，最大值為 1.0 的隨機浮點數，請問下列何者正確？

(a) random.random(0.0, 1.0)　(b) random.random()

(c) random.randrange(0, 1)　(d) random.randint(0, 1)

（　）6. 請問下列的程式碼不會產生何值？

```
import random as rd
print(rd.randrange(0, 3))
```

(a) 0　　　　　(b) 1　　　　　(c) 2　　　　　(d) 3

（　）7. 下列關於函式的回傳值描述何者錯誤？

(a) 一定要有回傳值　　　　(b) 可以有 2 個回傳值

(c) 回傳值可以為 0　　　　(d) 可以有 1 個回傳值

（　）8. 請問下列的程式碼不會產生何值？

```
import random as rd
print(rd.randrange(1, 10, 3))
```

(a) 1　　　　　(b) 4　　　　　(c) 7　　　　　(d) 10

（　）9. 請問下列的程式碼之執行結果為何？

```
print(pow(2, 5))
```

(a) 2　　　　　(b) 5　　　　　(c) 16　　　　　(d) 32

（　）10. 請問下列的程式碼會產生何值？

```
print(sum([3,2]))
```

(a) 3　　　　　(b) 2　　　　　(c) 5　　　　　(d) 9

（　）11. 我們會使用下列語法，一次將套件內的函式全部匯入，方框□內該用何種符號？

```
from 套件名稱 import □
```

(a) /　　　　　(b) %　　　　　(c) *　　　　　(d) //

( ) 12. 請問下列函式呼叫何者會發生錯誤？

```
def add_m(a, b, c=1)
    print('a+b*c=', a+b*c)
```

(a) add_m(1,2,3)　　　　　(b) add_m(1,1)

(c) add_m(c=2, a=1, b=3)　　(d) add_m(1)

( ) 13. 請問下列的程式碼不會產生何值？

```
import random as rd
rd.random()
```

(a) 0　　　　　　　　　　(b) 0.3

(c) 0.5　　　　　　　　　(d) 1

( ) 14. 請問下列程式碼執行後的結果為何？

```
print(sorted([1,3,5,2,4], reverse=True))
```

(a) [1, 2, 3, 4, 5]　　　　(b) [5, 4, 3, 2, 1]

(c) [1, 3, 5, 2, 4]　　　　(d) [4, 2, 5, 3, 1]

( ) 15. 請問下列程式碼執行後的結果為何？

```
def f(x, n):
    k = x
    for i in range(1, n + 1):
        x = x * k
    return x
print('%d' % (f(3, 3)))
```

(a) 3　　　　(b) 9　　　　(c) 27　　　　(d) 81

問答題

1. 請詳細說明 Python 定義函式的語法。

2. 請說明函式的引數傳遞方式之優缺點，以及 Python 所採用的方式。

3. 請說明遞迴函式的定義。

檔案處理

當資料相當龐大時，使用檔案的輸入及輸出方式，可以免去人工輸出入方式，所造成的不便與時間上的浪費。

8-1 檔案路徑基本觀念

檔案的路徑是存取檔案的關鍵。電腦路徑通常分為兩種形式，包括：「絕對路徑」與「相對路徑」兩種形式。右圖為電腦中資料的樹狀結構圖例子，將以此來做檔案路徑的說明。

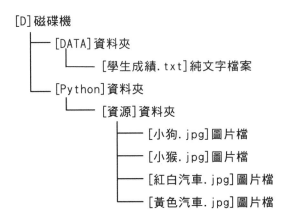

```
[D] 磁碟機
 ├─ [DATA] 資料夾
 │    └─ [學生成績.txt] 純文字檔案
 └─ [Python] 資料夾
      └─ [資源] 資料夾
           ├─ [小狗.jpg] 圖片檔
           ├─ [小猴.jpg] 圖片檔
           ├─ [紅白汽車.jpg] 圖片檔
           └─ [黃色汽車.jpg] 圖片檔
```

絕對路徑

在 Windows 作業系統中，完整的檔案路徑依序包含了「磁碟代號」、「資料夾」與「檔案名稱」三個部份，由左至右，從左邊較大範圍的描述，一直到右邊較小範圍的描述，如同一般地址的模式：「台北市，信義路，三段，143 號」，「台北市」是屬於最大範圍，可以和「磁碟代號」相互對應；「信義路」與「三段」依序將範圍縮小了一些，可以和「資料夾」相對應；「143 號」則可以與「檔案名稱」對應，每個部份以左上到右下的斜線來連接「\」。

在一個實際的存取檔案例子中，上圖中[小狗.jpg]，可以用下面的絕對路徑來表示：

```
  D:   \   Python  \   資源  \   小狗.jpg
磁碟代號   資料夾1    資料夾2    檔案名稱
```

白話地來說，就是：[D]磁碟中的[Python]資料夾中的[資源]資料夾中的[小狗.jpg]檔案，以上這一句話就是用來描述[小狗.jpg]檔案的絕對路徑。

相對路徑

當絕對路徑的長度很長，或沒有必要指明上層資料夾的位置時，相對路徑提供了一個簡便的方式來存取資料。

相對路徑為絕對路徑的一部分，所指的是以「目前的所在位置」為基準，去尋找其他位置的方式。以上面地址的例子來說，如同我現站在「台北市，信義路」上，要找地點為「台北市，信義路，三段，143 號」，其相對路徑就是「三段，143 號」，前面的「台北市，信義路」就不需要再重新強調。

所以，假如現在所在的位置是「D:\Python」資料夾，而要存取「小狗.jpg」檔案，就只需要用相對路徑，就可以代表「D:\Python\資源\小狗.jpg」的位置，其相對路徑為：

```
資源\小狗.jpg
```

若現在位置在「D:\Python\資源」資料夾，其相對路徑即為：

```
小狗.jpg
```

另外，假如要以相對路徑方式，指向上一層的資料夾，可以使用「..」符號。例如，現在的資料夾位置是 D:\Python，若要存取「D:\DATA\學生成績.txt」檔案，其相對路徑為：

```
..\DATA\學生成績.txt
```

「..」代表了[Python]資料夾的上一層，也就是指[D]磁碟機，接者進入[DATA]資料夾，讀取[學生成績.txt]檔案。

TIPs 相對路徑的基準

在 Python 程式設計中，相對路徑的基準，預設為目前執行程式檔所在的資料夾位置，這對需要使用相對路徑方式來存取資料者，相當重要。

8-2 檔案操作

Python 可以利用內建的 open( )函式，開啟指定的檔案，並進行檔案的讀取、修改與寫入。

8-2-1 檔案建立與關閉

Python 開啟檔案的語法如下：

```
open (filename[, mode][, encoding])
```

- filename：欲存取的檔案名稱，需包含檔案的路徑，其資料為字串型態。路徑可以為絕對路徑或相對路徑，如果沒有指定路徑，則以目前執行程式的目錄為預設目錄。

- mode：存取檔案的模式，如未指定存取模式，其預設為讀取模式，相關模式如表所示。

模式	說明
r	以讀取模式開啟檔案，此為預設模式，若檔案不存在，會發生讀取錯誤。讀取二進位制檔案，其模式為「rb」。
w	以寫入模式開啟檔案，並會清除原先的檔案內容，若檔案不存在，會先建立檔案。寫入二進位制檔案，其模式為「wb」。（不可讀取）
a	以附加模式開啟檔案，寫入的資料會加在原先檔案的後方，若檔案不存在，會先建立檔案。附加寫入二進位制檔案，其模式為「ab」。（不可讀取）
r+	以讀寫模式開啟檔案，寫入的資料會覆蓋原檔案，若檔案不存在，會發生讀寫錯誤。讀取二進位制檔案，其模式為「rb+」。
w+	以讀寫模式開啟檔案，並會清除原先的檔案內容，若檔案不存在，會先建立檔案。寫入二進位制檔案，其模式為「wb+」。

模式	說明
a+	以附加模式開啟檔案，寫入的資料會加在原先檔案的後方，若檔案不存在，會先建立檔案。附加寫入二進位制檔案，其模式為「ab+」。

- encoding：設定檔案的編碼模式，一般建議可以設定為「UTF-8」以與其他系統相通。如果是正體中文的 windows 系統，其預設的編碼模式是「cp950」，也就是在記事本中儲存檔案時的 ANSI 編碼。在讀寫檔案時的編碼模式一致，才不會發生錯誤。

如果檔案尚未建立，直接要對一個檔案進行讀取，會發生錯誤訊息，此處我們以讀取模式「r」，嘗試開啟一個尚未建立的檔案，絕對位址是「d:\test.txt」，並將開啟的檔案指定給檔案物件 file1，此處必須在 d 磁碟「d:\」後，再加上反斜線「\」，將後面的字元當成一個特殊字元，形成所謂的「跳脫字元」，其參考程式碼如下：

```
file1 = open('d:\\test.txt', 'r') #要使用跳脫字元
```

執行結果：

```
No such file or directory: 'd:\\test.txt'
```

如果將模式 mode 改為寫入「w」，雖然沒有檔案，但可以直接建立新的檔案，不會有錯誤訊息，其程式碼如下：

```
file1 = open('d:\\test.txt', 'w')
```

檔案開啟後，當檔案處理完畢後，需要關閉檔案，其語法如下：

```
close( )
```

例如：我們將開啟的檔案指定給檔案物件 file1，要關閉檔案的程式碼如下：

```
file1.close( )
```

8-2-2 檔案處理函式

Python 提供檔案的處理方法，常用的檔案處理函式如下表所示：

函式	說明
flush( )	將緩衝區的資料寫入檔案中，然後清除緩衝區內容
read([size])	依指定的 size 大小讀取檔案，如未指定 size，則讀取檔案所有字元
readable( )	測試檔案是否可讀取，可讀取回傳 True，不可讀取回傳 False
readline([size])	依指定的 size 大小讀取所在行，如未指定 size，則讀取一整行
readlines( )	讀取所有行的內容，會回傳一個串列
next(檔案變數)	將檔案指標移到下一行
seek(位址)	移動檔案指標到指定的位址，seek(0)為檔案的開頭
tell( )	傳回檔案指標在文件中的位址
write(字串)	將字串內容寫入檔案之中
writable( )	測試檔案是否可寫入，可寫入回傳 True，不可寫入回傳 False

8-2-3 檔案寫入

本小節介紹檔案的寫入，寫入檔案使用 write( )函式，將要寫入的字串放在括弧內。

程式範例：開啟一個檔案寫入靜夜思詩詞

📄 參考檔案：8-2-3-1.py　　　　　　　　　　✏ 學習重點：檔案的寫入

一、程式設計目標

設計一個 Python 程式，開啟一個文字檔案寫入李白的「靜夜思」詩詞，檔案的名稱與路徑設定為「d:\poem.txt」。開檔與寫入資料後，用記事本打開該檔案，其內容如圖所示。

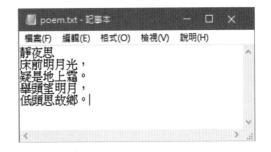

二、參考程式碼

列數	程式碼
1	#開啟一個檔案寫入靜夜思詩詞
2	file1 = open('d:\\poem.txt', 'w')
3	file1.write('靜夜思')
4	file1.write('\n 床前明月光，')
5	file1.write('\n 疑是地上霜。')
6	file1.write('\n 舉頭望明月，')
7	file1.write('\n 低頭思故鄉。')
8	file1.close()

三、程式碼解說

- 第 2 行：使用檔案的 open( )函式開啟檔案，並指定給檔案物件 file1。此處需記得用跳脫字元「\\」，絕對路徑才會正確，另外，此程式要寫入資料，所以使用附加模式「a」或寫入模式「w」皆可。

- 第 3 行：使用檔案的 write( )函式寫入詩詞名稱資料。

- 第 4~7 行：逐行寫入詩詞，此處使用「\n」跳行字元來換行。

- 第 8 行：使用檔案的 close( )函式關閉開啟的檔案。

8-2-4 檔案讀取

檔案的讀取使用 read( )、readline([size])與 readlines( )等相關函式，並可搭配檔案指標的位址來讀取檔案內容。

程式範例：開啟一個檔案並讀取全部資料

📄 參考檔案：8-2-4-1.py   📝 學習重點：readlines( )函式的使用

一、程式設計目標

設計一個 Python 程式，開啟一個文字檔案讀取其中的內容，此處以 8-2-3-1.py 建立的靜夜思詩詞為例，下圖為記事本檔案的內容。

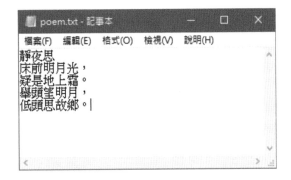

在 Python 中讀取全部檔案的結果，如圖所示。

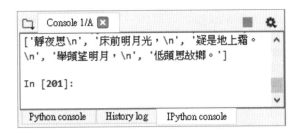

二、參考程式碼

列數	程式碼
1	#開啟一個檔案並讀取全部資料
2	file1 = open('d:\\poem.txt', 'r')
3	print(file1.readlines())
4	file1.close()

三、程式碼解說

- 第 2 行：使用檔案的 open( )函式開啟檔案，並指定給檔案物件 file1。此處需記得用跳脫字元「\\」，絕對路徑才會正確，另外，此程式是讀取檔案資料，所以用讀取模式「r」。
- 第 3 行：使用檔案的 readlines( )函式讀取所有行的內容，會回傳一個串列，使用 print( )函式印出其內容。
- 第 4 行：使用檔案的 close( )函式關閉開啟的檔案。

程式範例：以檔案指標修改輸出格式

📄 參考檔案：8-2-4-2.py　　　　　　📝 學習重點：seek( )與 tell( )函式的使用

一、程式設計目標

　　設計一個 Python 程式，開啟一個文字檔案讀取其中的內容，此處以 8-2-3-1.py 建立的靜夜思詩詞為例，希望在檔案讀取後，印出靜夜思的名稱與每句的第一個字，並且印出印完該自後的檔案指標位址，如圖為執行結果。

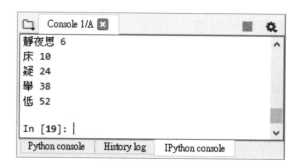

二、參考程式碼

列數	程式碼
1	#以檔案指標修改輸出格式
2	file1 = open('d:\\poem.txt', 'r')
3	file1.seek(0)
4	print(file1.read(3), file1.tell())
5	file1.seek(8)
6	print(file1.read(1), file1.tell())
7	file1.seek(22)
8	print(file1.read(1), file1.tell())
9	file1.seek(36)
10	print(file1.read(1), file1.tell())
11	file1.seek(50)
12	print(file1.read(1), file1.tell())
13	file1.close()

三、程式碼解說

- 第 2 行：使用檔案的 open( )函式開啟檔案，並指定給檔案物件 file1。此程式是讀取檔案資料，所以用讀取模式「r」。

- 第 3 行：使用 seek( )函式移動檔案指標到指定的位址，seek(0)為檔案的開頭。

- 第 4 行：使用檔案的 read( )函式，並且指定讀取的字元為「3」個，使用 print( )函式印出其內容。此行搭配 tell( )函式傳回檔案指標在文件中的位址，印出 3 個中文字後，其位址移至「6」。

- 第 5 行：使用 seek( )函式移動檔案指標到指定的位址，seek(8)為第一句的開頭。每個中文字佔用 2 個記憶體位址，英文字母佔用 1 個記憶體位址，換行符號佔用 2 個記憶體位址。

- 第 6 行：使用檔案的 read( )函式，並且指定讀取的字元為「1」個，使用 print( )函式印出其內容。此行搭配 tell( )函式傳回檔案指標在文件中的位址。

8-3 檔案的目錄操作

Python 運用 os.path 套件、os 套件來進行檔案的操作，可以取得檔案路徑、檔案大小、建立目錄、刪除目錄、刪除檔案與執行命令…等操作。

8-3-1 os.path 套件

os.path 套件提供相關函式，用以處理檔案路徑與名稱資訊，使用 os.path 套件必須先匯入，其語法如下：

```
import os.path
```

os.path 套件提供的常用函式如下表：

函式	說明
abspath( )	取得檔案的絕對路徑
basename( )	取得路徑最後的檔案名稱
dirname( )	取得檔案的目錄路徑，如要取得目前 Python 檔案所在的目錄路徑，其語法為 os.path.dirname(__file__)
exists( )	檢查檔案或路徑是否存在，其回傳值為 True 或 False
getsize( )	取得檔案的大小，其回傳單位是 Bytes

函式	說明
isabs( )	檢查該路徑是否為完整路徑
isfile( )	檢查該路徑是否為檔案
isdir( )	檢查該路徑是否為目錄
split( )	分割該路徑為目錄路徑與檔案名稱
splitdrive( )	分割該路徑為磁碟名稱與檔案路徑
join( )	合併檔案路徑和檔案名稱

程式範例：開啟一個檔案寫入歌詞並檢視路徑與大小資訊

📑 參考檔案：8-3-1-1.py　　　　　　📝 學習重點：檔案路徑與大小的檢視

一、程式設計目標

　　設計一個 Python 程式，開啟一個文字檔案寫入周杰倫的「簡單愛」歌詞，檔案的名稱與路徑為「d:\examples\ch8\簡單愛.txt」。開檔與寫入資料後，用記事本打開該檔案，其內容如圖所示。

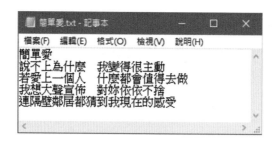

　　下圖為 Python 的執行結果，首先確認檔案建立成功，接著印出目前檔案 8-3-1-1.py 的所在目錄，再印出簡單愛歌詞檔案的絕對路徑、目錄路徑與檔案大小。

二、參考程式碼

列數	程式碼
1	*#開啟一個檔案寫入歌詞並檢視路徑與大小資訊*
2	*import os.path*
3	*file1 = open('d:\\examples\\ch8\\簡單愛.txt', 'w') # 將檔案寫入*
4	*file1.write('簡單愛')*
5	*file1.write('\n 說不上為什麼　我變得很主動')*
6	*file1.write('\n 若愛上一個人　什麼都會值得去做')*
7	*file1.write('\n 我想大聲宣佈　對妳依依不捨')*
8	*file1.write('\n 連隔壁鄰居都猜到我現在的感受!')*
9	*file1.flush() #將緩衝區的資料寫入檔案中，然後清除緩衝區內容*
10	*file_abs = os.path.abspath('簡單愛.txt') #簡單愛歌詞檔案的絕對路徑*
11	*if os.path.exists(file_abs):*
12	* print('簡單愛歌詞檔案建立成功！')*
13	*print('目前檔案8-3-1-1.py 所在目錄：', os.path.dirname(__file__))*
14	*print('簡單愛歌詞檔案的絕對路徑：', file_abs) #簡單愛歌詞的絕對路徑*
15	*print('簡單愛歌詞檔案的目錄路徑：', os.path.dirname(file_abs))*
16	*print('簡單愛歌詞檔案的大小(位元組Bytes)：', os.path.getsize(file_abs))*
17	*file1.close()*

三、程式碼解說

- 第 2 行：匯入 os.path 套件。

- 第 3 行：使用檔案的 open( )函式搭配寫入模式「w」開啟檔案，並指定給檔案物件 file1。

- 第 4~8 行：使用檔案的 write( )函式寫入資料，逐行寫入歌詞，此處使用「\n」跳行字元來換行。

- 第 9 行：使用 flush( )函式將緩衝區的資料寫入檔案中，然後清除緩衝區內容。

- 第 10 行：呼叫 os.path 套件的 abspath( )函式取得簡單愛歌詞檔案的絕對路徑，並將內容指定給變數「file_abs」。

- 第 11 行：呼叫 os.path 套件的 exists( )函式檢查簡單愛歌詞檔案存在與否，存在會回傳「True」。

- 第 12 行：印出「簡單愛歌詞檔案建立成功！」字串。

- 第 13 行：呼叫 os.path 套件的 dirname( )函式，取得並印出目前檔案 8-3-1-1.py 的所在目錄，在 file 文字的前後各為 2 個底線串接。

- 第 14 行：印出變數「file_abs」的內容。

- 第 15 行：呼叫 os.path 套件的 dirname( ) 函式，取得並印出簡單愛歌詞檔案的目錄路徑。

- 第 16 行：呼叫 os.path 套件的 getsize( ) 函式，取得並印出簡單愛歌詞檔案的大小(位元組 Bytes)，此處從 Python 得到的數值是 125Bytes，與從檔案總管檢視「簡單愛.txt」檔案的大小一樣是 125Bytes，如圖所示。

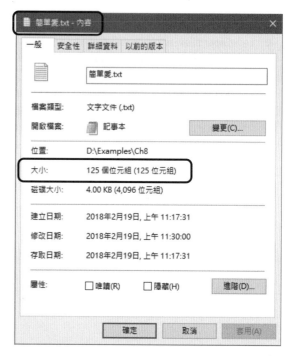

程式範例：分割檔案之絕對路徑的路徑、檔名與磁碟名稱

📄 參考檔案：8-3-1-2.py   📝 學習重點：split( ) 和 splitdrive( ) 函式的使用

一、程式設計目標

設計一個 Python 程式，先印出執行檔的絕對路徑，接著分別印出目錄路徑、檔名、磁碟機名與檔案路徑，其內容如下圖所示。

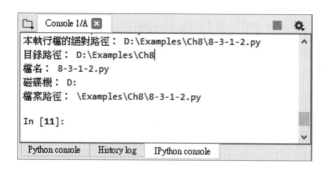

二、參考程式碼

列數	程式碼
1	*#分割檔案之絕對路徑的路徑、檔名與磁碟名稱*
2	*import os.path*
3	*filename = os.path.abspath('8-3-1-2.py')*
4	*if os.path.exists(filename):*
5	*print('本執行檔的絕對路徑：', filename)*
6	*dirname = os.path.dirname(filename)*
7	*d_path,f_name = os.path.split(filename)*
8	*print('目錄路徑：', d_path)*
9	*print('檔名：', f_name)*
10	*Drive_name, f_path = os.path.splitdrive(filename)*
11	*print('磁碟機：', Drive_name)*
12	*print('檔案路徑：', f_path)*

三、程式碼解說

- 第 2 行：匯入 os.path 套件。

- 第 3 行：呼叫 os.path 套件的 abspath( )函式取得執行檔案的絕對路徑，並將內容指定給變數「filename」。

- 第 4 行：呼叫 os.path 套件的 exists( )函式檢查檔案存在與否，存在會回傳「True」。

- 第 5 行：印出本執行檔的絕對路徑「D:\Examples\Ch8\8-3-1-2.py」。

- 第 6 行：呼叫 os.path 套件的 dirname( )函式，取得並印出目前檔案 8-3-1-2.py 的所在目錄。

- 第 7～9 行：呼叫 os.path 套件的 split( )函式，取得並印出目錄路徑與檔名，分別指定給變數 d_path 與 f_name。

- 第 10～12 行：呼叫 os.path 套件的 splitdrive ( )函式，取得並印出磁碟機名稱與檔案路徑，分別指定給變數 Drive_name 與 f_path。

8-3-2 檔案與目錄的增刪

Python 藉由 os 套件來進行檔案的操作，提供刪除檔案、建立目錄、刪除目錄與執行命令等函式，使用時需先匯入 os 套件。

❖ **remove( )函式：刪除檔案**

remove( )函式可以刪除指定的檔案，其語法如下：

```
remove(file)
```

使用 remove( )函式時，常常會搭配 os.path 套件的 exists( )函式，確定檔案存在，再進行刪除檔案。

程式範例：開啟一個測試檔案後選擇是否移除該檔

📋 參考檔案：8-3-2-1.py   📝 學習重點：remove( )函式的使用

一、程式設計目標

設計一個 Python 程式，於「d:\」建立一個測試檔案「remove_test.txt」，隨後應用 exists( )函式確定檔案是否存在，如果檔案存在，就讓使用者選擇移除或保留檔案，如圖為使用者輸入「Y」，確認要刪除檔案的結果。

如圖為使用者輸入「N」，要保留檔案的結果。

二、參考程式碼

列數	程式碼
1	# 開啟一個測試檔案後選擇是否移除該檔
2	import os
3	file1 = open('d:\\remove_test.txt', 'w')
4	file1.write('測試檔內容')
5	file1.close()
6	if os.path.exists('d:\\remove_test.txt'):
7	option = input('請確定是否要刪除檔案(Y/N)：')
8	if option == 'Y' or option == 'y':
9	os.remove('d:\\remove_test.txt')
10	print('檔案已移除！')
11	else:
12	print('檔案保留！')

三、程式碼解說

- 第 2 行：匯入 os 套件。

- 第 3 行：使用檔案的 open( )函式以寫入模式「w」開啟檔案。

- 第 4 行：使用檔案的 write( )函式寫入測試檔資料。

- 第 5 行：使用檔案的 close( )函式關閉開啟的檔案。

- 第 6 行：呼叫 os.path 套件的 exists( )函式檢查檔案存在與否，存在會回傳「True」。

- 第 7 行：使用 input( )函式讀入使用者的選擇。

- 第 8～10 行：當使用者輸入「Y」或「y」，程式會呼叫 os 套件的 remove( )函式，刪除檔案並印出「檔案已移除！」文字。

- 第 11、12 行：當使用者輸入其他文字時，會印出「檔案保留！」文字。

❖ **mkdir( )函式：建立目錄**

mkdir( )函式可以建立目錄，其語法如下：

```
mkdir(目錄名稱)
```

使用 mkdir( )函式時，常常會搭配 os.path 套件的 exists( )函式，確定目錄不存在，再進行建立目錄，如果目錄原已存在，重複建立目錄會發生錯誤。

程式範例：檢查無相同目錄名稱後建立新目錄程式

📑 參考檔案：8-3-2-2.py ✕   📝 學習重點：mkdir( )函式的使用

一、程式設計目標

本程式可於「c:」槽建立一個新目錄，目錄名稱由使用者自訂，程式會應用 exists( )函式檢查目錄是否已存在，如目錄已存在則不建立新目錄，如圖為使用者輸入「Test」目錄名稱，建立新目錄成功的畫面。

如圖為使用者輸入「Test」目錄名稱，顯示目錄原本已存在的畫面。

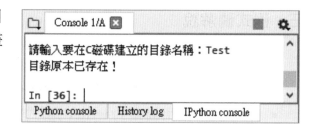

二、參考程式碼

列數	程式碼
1	#檢查無相同目錄名稱後建立新目錄程式
2	import os
3	NewDir = input('請輸入要在 C 磁碟建立的目錄名稱：')
4	if not os.path.exists('c:\\' + NewDir):
5	os.mkdir('c:\\' + NewDir)
6	print('建立新目錄成功！')
7	else:
8	print('目錄原本已存在！')

三、程式碼解說

- 第 2 行：匯入 os 套件。
- 第 3 行：使用 input( )函式讀入使用者想新增的目錄名稱，並且存入變數 NewDir 中。
- 第 4 行：呼叫 os.path 套件的 exists( )函式，檢查 C 磁碟機是否已有該使用者要新增的目錄。

- 第 5、6 行：使用 mkdir( )函式建立新目錄，並且印出「建立新目錄成功！」文字。

- 第 7、8 行：該目錄已經存在，印出「目錄原本已存在！」文字。

❖ rmdir( )函式：刪除目錄

rmdir( )函式可以刪除目錄，其語法如下：

```
rmdir(目錄名稱)
```

使用 rmdir( )函式時，常常會搭配 os.path 套件的 exists( )函式，確定目錄存在，再進行刪除目錄。

如果以 8-3-2-2.py 檔為例，其刪除目錄的參考程式碼如下：

```
os.rmdir('c:\\' + NewDir)   #刪除目錄
```

❖ system( )函式：執行作業系統命令

透過 system( )函式可以執行常見的作業系統命令，包括：清除螢幕畫面、建立目錄、複製檔案、呼叫記事本…等操作，其語法如下：

```
system(命令)
```

程式範例：呼叫作業系統命令打開記事本檔案程式

📄 參考檔案：8-3-2-3.py　　　　　　　✍ 學習重點：system( )函式的使用

一、程式設計目標

本程式可於 8-3-2-3.py 的工作目錄下，建立一個新目錄，目錄名稱為「Dir」，程式會應用 exists( )函式檢查目錄是否已存在，然後複製 8-3-2-3.py 檔案到 Dir 目錄下，並且將檔名改為「copy.py」。最後，呼叫記事本程式打開複製出來的 copy.py 檔案。

二、參考程式碼

列數	程式碼
1	# 呼叫作業系統命令打開記事本檔案程式
2	import os
3	work_path = os.path.dirname(__file__)
4	if not os.path.exists(work_path + '\Dir'):
5	os.mkdir('Dir')
6	print('建立新目錄成功！')
7	else:
8	print('目錄原本已存在！')
9	os.system('copy 8-3-2-3.py Dir\copy.py') # 複製檔案到 Dir 目錄下
10	file = work_path + '\Dir\copy.py' # 完整的檔案路徑與檔案名稱
11	os.system('notepad ' + file) # notepad 後需空一格，才能執行記事本程式

三、程式碼解說

- 第 2 行：匯入 os 套件。
- 第 3 行：取得工作檔案 8-3-2-3.py 的目錄路徑，其語法為 os.path.dirname(__file__)。
- 第 4 行：呼叫 os.path 套件的 exists( )函式，檢查工作目錄下是否已有「Dir」目錄。
- 第 5、6 行：使用 mkdir( )函式建立新目錄「Dir」，並且印出「建立新目錄成功！」文字。
- 第 7、8 行：該目錄已經存在，印出「目錄原本已存在！」文字。

- 第 9 行：使用 copy 指令將 8-3-2-3.py 檔案複製到 Dir 目錄下，並將檔案名稱更改為「copy.py」。
- 第 10 行：將工作目錄與「\Dir\copy.py」字串合併，構成完整的檔案路徑與檔案名稱。
- 第 11 行：使用打開記事本的指令「notepad」，在 notepad 後需空一格再接上完整的檔案路徑與檔案名稱，才能執行記事本程式。

8-3-3 檢查檔案存在

以讀取模式開啟檔案時，若檔案不存在，會發生讀取錯誤。妥善使用 isfile( ) 函式，可以避免此一狀況的發生，使用時需先匯入 os.path 套件，請參考程式範例。

程式範例：讀取檔案前檢查檔案存在與否程式

📑 參考檔案：8-3-3-1.py　　　　　　　　✎ 學習重點：isfile( )函式的使用

一、程式設計目標

本程式於 8-3-3-1.py 的工作目錄內，檢查「簡單愛.txt」檔案是否存在，如果存在則印出檔案內容。

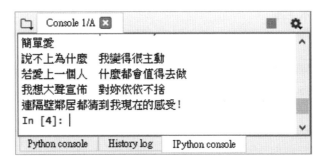

若檔案不存在，則印出「簡單愛歌詞檔案不存在！」字串。

二、參考程式碼

列數	程式碼
1	#讀取檔案前檢查檔案存在與否程式
2	import os.path
3	if os.path.isfile('簡單愛.txt'):
4	fileObj = open('簡單愛.txt', 'r')
5	for lines in fileObj:
6	print(lines, end='')
7	fileObj.close()
8	else:
9	print('簡單愛歌詞檔案不存在！')

三、程式碼解說

- 第 3 行：在工作檔案 8-3-3-1.py 的目錄內，以 isfile( )函式檢查「簡單愛.txt」檔案是否存在。

- 第 4～7 行：以讀取模式打開「簡單愛.txt」檔案，並且指定給檔案物件 fileObj。接著搭配 for 迴圈印出「簡單愛.txt」檔案內容，最後關閉檔案。

- 第 8、9 行：當「簡單愛.txt」檔案不存在時，印出「簡單愛歌詞檔案不存在！」字串。

8-4 程式練習

練習題 1：文字檔案複製程式

📄 參考檔案：8-4-1.py、8-4-1-s.txt　　　　✍ 學習重點：檔案複製的操作運用

一、程式設計目標

撰寫 Python 程式，將文字檔案「8-4-1-s.txt」複製至另一個可以自訂名稱的檔案，文字檔案「8-4-1-s.txt」的內容如下：

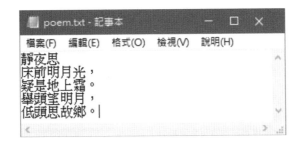

執行程式的時候,輸入來源(source)檔案的完整檔名,此處輸入「8-4-1-s.txt」,接著輸入目的(target)檔案的完整檔名,此處輸入「8-4-1-t.txt」,複製完成時會印出「檔案複製完成!」文字,如圖所示。

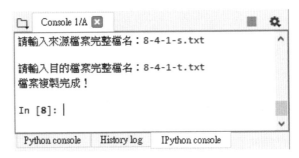

執行本範例程式後,將目的檔案「8-4-1-t.txt」用記事本打開後之內容如圖所示,完成檔案的複製。

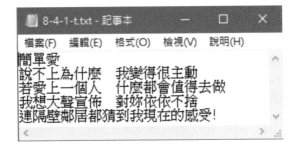

如果目的檔案已經存在,則程式會回應「目的檔案已存在,取消複製!」文字。

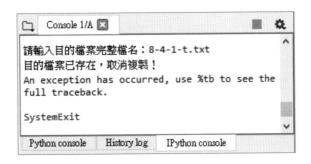

如果來源檔案不存在，則程式會回應「來源檔案不存在，取消複製！」文字。

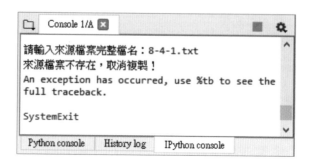

二、參考程式碼

列數	程式碼
1	# 檔案複製程式
2	import os.path
3	import sys
4	source_f = input("請輸入來源檔案完整檔名：")
5	if not os.path.isfile(source_f):
6	print('來源檔案不存在，取消複製！')
7	sys.exit()
8	target_f = input("請輸入目的檔案完整檔名：")
9	if os.path.isfile(target_f):
10	print('目的檔案已存在，取消複製！')
11	sys.exit()
12	fileObj1 = open(source_f, 'rb')
13	fileObj2 = open(target_f, 'wb')
14	content = fileObj1.read()
15	fileObj2.write(content)
16	fileObj1.close()
17	fileObj2.close()
18	print('檔案複製完成！')

三、程式碼解說

- 第 3 行：匯入 sys 套件，使用其中的 exit( ) 函式離開程式。
- 第 4 行：使用 input( ) 函式讀入使用者輸入的來源檔名稱，並且指定給變數 source_f，此處可使用來源範例檔「8-4-1-s.txt」。

- 第 5～7 行：在工作檔案 8-4-1.py 的目錄內，以 isfile( )函式檢查
「8-4-1-s.txt」檔案是否存在。如果不存在，就會印出「來源檔案不存在，
取消複製！」文字，然後呼叫 exit( )函式離開程式。

- 第 8 行：使用 input( )函式讀入使用者輸入的目的檔名稱，並且指定給變
數 source_t，此處建議目的檔檔名可為「8-4-1-t.txt」。

- 第 9～11 行：在工作檔案 8-4-1.py 的目錄內，以 isfile( )函式檢查
「8-4-1-t.txt」檔案是否存在。如果檔案存在，就會印出「目的檔案已存
在，取消複製！」文字，然後呼叫 exit( )函式離開程式。

- 第 12 行：使用 open( )函式以讀取模式「rb」開啟來源檔案，不限於文字
檔案，可以處理圖檔或執行檔，並將其檔案指定給檔案物件 fileObj1。

- 第 13 行：使用 open( )函式以寫入模式「wb」開啟目的檔案，並將其檔
案指定給檔案物件 fileObj2。

- 第 14 行：將來源檔案寫入變數 content 中。

- 第 15 行：將變數 content 寫入目的檔案中。

- 第 16、17 行：使用 close( )函式關閉 fileObj1 與 fileObj2。

- 第 18 行：印出「檔案複製完成！」字串。

練習題 2：檔案的行數與字數計算程式

📄 參考檔案：8-4-2.py　　　　　　　　📝 學習重點：檔案指標的操作

一、程式設計目標

撰寫 Python 程式，計算文字檔案「花
心.txt」的行數與字數，文字檔案「花心.txt」
的內容如圖：

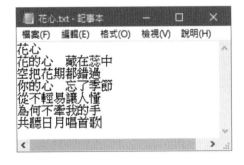

執行程式後，程式會印出「花心.txt」檔案的歌詞串列，接著印出去除空白與換行字元的內容，最後印出此檔案的行數與字數，其結果如圖所示。

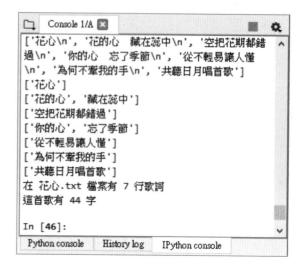

二、參考程式碼

列數	程式碼
1	# 檔案的行數與字數計算程式
2	filename = '花心.txt'
3	myfile = open(filename, 'r') # 以讀取模式開啟指定檔案
4	lines = len(myfile.readlines()) # 歌詞行數
5	all = 0 # 用來計算總字數，初值設為 0
6	myfile.seek(0) # 把檔案指標重新回到檔案開頭
7	words = myfile.readlines() # 將檔案文字讀進串列
8	print(words) # 印出 words 串列的內容
9	for x in words:
10	w1 = x.split() # 處理空白字元與換行字元
11	print(w1) # 印出去除空白字元與換行字元的內容
12	for z in w1:
13	all += len(z) # 字數加總
14	print("在 %s 檔案有 %d 行歌詞" % (filename, lines))
15	print('這首歌有', all, '字')

三、程式碼解說

- 第 3 行：以讀取模式開啟指定檔案「花心.txt」。

- 第 6 行：行數計算完畢後，呼叫 seek( )函式把檔案指標重新回到檔案開頭，繼續計算檔案的字數。

- 第 7、8 行：將檔案文字讀進串列，然後印出其內容。

- 第 9～13 行：使用 split( )函式將串列的空白字元與換行字元去除，接著使用 len( )函式搭配 for 迴圈來加總字數。

- 第 14、15 行：印出該檔案的行數與字數。

習題

選擇題

(　　) 1. 在 Python 語言中，要讀取檔案會使用何種模式？

(a) w 模式　　　　　　　　　　(b) r 模式

(c) a 模式　　　　　　　　　　(d) c 模式

(　　) 2. 下列哪一個函式可以一次從檔案讀取一行內容？

(a) tell( ) 函式　　　　　　　(b) readline( ) 函式

(c) seek( ) 函式　　　　　　　(d) readlines( ) 函式

(　　) 3. 取得檔案的絕對路徑會使用下列哪一個函式？

(a) abspath( ) 函式　　　　　(b) basename( ) 函式

(c) dirname( ) 函式　　　　　(d) exists( ) 函式

(　　) 4. Python 開啟檔案會使用下列哪一個函式？

(a) open( ) 函式　　　　　　　(b) read( ) 函式

(c) write( ) 函式　　　　　　(d) find( ) 函式

(　　) 5. Python 要在程式中打開記事本程式，需要使用下列哪一個函式？

(a) remove( ) 函式　　　　　　(b) mkdir( ) 函式

(c) rmdir( ) 函式　　　　　　(d) system( ) 函式

(　　) 6. 檢查檔案「my_File.txt」是否存在之程式碼應為下列何者？

(a) isfile('my_File.txt')

(b) os.path.isfile('my_File.txt')

(c) os.exist('my_File.txt')

(d) os.find('my_File.txt')

（　　）7. 下列關於 os.path 套件的描述何者有誤？

    (a) 使用 abspath( )函式取得檔案的絕對路徑

    (b) 使用 basename( )函式取得路徑最後的檔案名稱

    (c) 使用 split( )函式分割該路徑為目錄路徑與檔案名稱

    (d) 使用 isdir( )函式檢查該路徑是否為檔案

（　　）8. 哪一種檔案存取模式是以讀寫模式開啟檔案，並會清除原先的檔案內容，若檔案不存在，會先建立檔案？

    (a) open("my_file", "r+")　　　(b) open("my_file ", "r")

    (c) open("my_file", "w+")　　　(d) open("my_file ", "w")

（　　）9. 在 os.path 套件提供的函式中，哪一個函式是用於檢查該路徑是否為完整路徑？

    (a) exists( )　　　　　　　　　(b) isabs( )

    (c) isfile( )　　　　　　　　　(d) isdir( )

（　　）10. 下列何種模式在檔案不存在時，會發生錯誤？

    (a) w　　　　　　　　　　　　(b) r+

    (c) a+　　　　　　　　　　　　(d) w+

問答題

1. 請詳細說明 Python 開啟檔案的語法。

2. 請說明檔案與目錄增刪的相關函式。

網路服務與
資料擷取分析

網際網路經過多年的發展之後，發展出多種常見的服務，這些服務緊密地與我們的生活結合在一起。運用 Python 的多種套件，可以幫助我們解析指定網址的內容，取出我們所需要的資訊。

9-1 網路服務與 HTML

9-1-1 全球資訊網服務

全球資訊網（World Wide Web, WWW）是網際網路最重要的服務之一，網站內容從純文字到各式圖片、動畫、互動式網頁…等，只要透過瀏覽器（Browser）就可以瀏覽各個網站伺服器（Web Server），享受各式資訊內容。

瀏覽器是透過超文件傳輸協定（HyperText Transfer Protocol, HTTP）來連接到各個網站伺服器，使用方式是在瀏覽器輸入網址，接著瀏覽器會透過網際網路連接到該網站伺服器，然後伺服器會將網頁內容傳到使用者的瀏覽器，經過解讀後呈現出我們所看到的多媒體網頁。

在全球資訊網中常會見到幾個名稱，包括：網站伺服器（WWW Server）、網站（Web Site）、首頁（Homepage）、網頁（Web Page），相關說明如下：

1. 網站伺服器：提供全球資訊網網路瀏覽服務的電腦，稱為網站伺服器，需要安裝相關網站伺服器軟體，例如：Apache 網站伺服器軟體、Windows IIS（Internet Information Service）網站伺服器軟體…等。

2. 網站：為了某種目的所架設的網路瀏覽服務站台，稱為網站，一台網站伺服器內可以架設好幾個不同目的的網站。

3. 首頁：網站所提供的多個網頁中，使用者瀏覽該網站的第一頁，稱為首頁。首頁檔的檔名通常為 index.htm、index.php、index.asp、default.htm…等。

4. 網頁：一個網站中，除了首頁以外的所有頁面，稱為網頁。網頁可以呈現文字、圖片、動畫…等各類型資訊，以達到網站的設計目標。

我們還可以用書架、書、書的封面、書的內文，分別來比喻網站伺服器、網站、首頁、網頁的關係，一個書架可以有多本書，也就是一個網站伺服器可以建置多個網站，每本書的封面就類似網站首頁，書的內文就是網站裡一頁頁的網頁。

9-1-2 網域名稱伺服器

常見的網域名稱伺服器有中華電信的 DNS 伺服器（IP 位址：168.95.1.1）、Seednet DNS 伺服器（IP 位址：139.175.55.244）…等，通常我們為了避免網域名稱伺服器故障，會多設定一台網域名稱伺服器，當作備用。

網域名稱伺服器在進行網址解析的時候，會進行正向名稱解析（Forward Name Resolution）與反向名稱解析（Reverse Name Resolution）。所謂的正向名稱解析是指從網域名稱解析出 IP 位址，而反向名稱解析是指從 IP 位址解析出網域名稱。

我們可以使用「nslookup」指令，透過網域名稱伺服器進行網址解析，如圖使用 nslookup 指令進行了台大網站網址「www.ntu.edu.tw」的正向名稱解析，得到 IP 位址為「140.112.8.116」，其解析的資料是由中華電信 dns.hinet.net 伺服器所得到。

同樣地，也可以使用 nslookup 指令進行反向名稱解析，如圖為輸入台大網站的 IP 位址「140.112.8.116」，得到台大網站網址名稱為「www.ntu.edu.tw」，解析的資料也是由中華電信 dns.hinet.net 伺服器所得到。

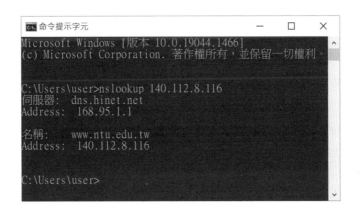

9-1-3 HTML 語法

從西元 1989 年 Tim Berners-Lee 發展出 HTML（Hypertext Markup Language 超文件標示語言之後，HTML 語法就深深地影響網路世界的發展。在西元 1993 年，國際標準組織 W3C（World Wide Web Consortium）推出 HTML 1.0 版，HTML 語法正式成為網路世界的共通語言，任何網頁的開發，都與 HTML 脫離不了關係。我們要學習網頁設計，絕對要認識與瞭解基本的 HTML 語法，以利未來能更深入地開發專業網站。

超文件標示語言 HTML 主要是透過各種控制標籤（Tags）、文字及符號的使用，來撰寫瀏覽器可以解讀的 HTML 檔案，達到我們希望呈現的網頁效果。

在 HTML 語法中，開始標籤以< >標示，而結束標籤則以</ >標示，以下介紹常見的 HTML 標籤。

- <HTML>標籤與</HTML>標籤：這是 HTML 檔案的第一個控制標籤，主要的功能是告訴瀏覽器，HTML 檔案的開始與結束，<HTML>是程式的開頭，而</HTML>是程式的結尾。

- <HEAD>標籤與</HEAD>標籤：用來表示標頭資訊的開始與結束，在<HEAD>與</HEAD>之間經常加入<TITLE>標籤與</ TITLE>標籤來設定標題列文字。

- <TITLE>標籤與</TITLE>標籤：用來設定標題列的控制標籤，包含在 <TITLE>與</TITLE>之間的文字，會被瀏覽器解讀為標題列的文字。

- <BODY>標籤與</BODY>標籤：作為界定網頁主體範圍的控制標籤，在 HTML 檔案設計中，大部分的控制標籤都是應用在這個區間，<BODY> 是文件主體的開頭，而</BODY>是文件主體的結尾；在<BODY>控制標 籤中，可以設定網頁文件的相關屬性，如透過 BGCOLOR 屬性來設定 HTML 檔案被瀏覽時的背景顏色，透過 TEXT 屬性來設定 HTML 檔案被 瀏覽時的文字顏色，其屬性值設定方法如<BODY BGCOLOR=BLUE TEXT=RED>……</BODY>，這段程式可以將網頁文件背景設為藍色， 網頁文字設為紅色。

透過上述 4 種控制標籤的組合，我們就可 以輕易地勾勒出一個最基本的 HTML 網頁程 式，我們現在就打開記事本文字編輯軟體，輸 入 HTML 檔案來測試看看，如圖所示。

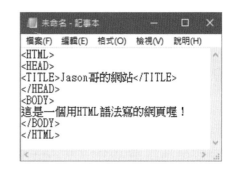

編輯完成後存檔時要注意，我們要將文字 檔的檔名後方加上副檔名「.htm」，HTML 最 常用的副檔名是.html，但在早期作業系統 DOS 的環境底下，副檔名最多為 3 個字元，所以也使用.htm 這個副檔名。此處 我們就以「First.htm」檔名來儲存。另外，在存檔類型部分，要選擇「所有檔 案」選項，如圖所示。

　　如此我們就完成了第一個 HTML 檔案的編輯，只要點擊儲存好的「First.htm」檔，電腦就會以瀏覽器打開第一個 HTML 網頁，如圖所示。

　　在<BODY>標籤與</BODY>標籤之間，我們會使用各種控制標籤以進行網頁製作，最常用的控制標籤如表所示。

控制標籤	運算結果
 	獨立的控制標籤，達到網頁文件跳列的功能。
<P ALIGN="center">……</P>	成對的控制標籤，達到網頁文件跳段的功能；設定 ALIGN 屬性值為 left、center 或 right 時，可以將文件內容分別達到置左、置中或置右的效果。
<FONT COLOR="字體顏色" SIZE="數字" FACE="字型名稱">……</FONT>	成對的控制標籤，透過各種不同屬性值的設定，可以改變網頁文字的顏色、大小或字型。
<IMG SRC="圖檔路徑" WIDTH="寬度">	獨立的控制標籤，可以在網頁中插入圖檔，透過設定 WIDTH 屬性值，可以改變圖片的顯示大小。
<HR SIZE="數字" WIDTH="長度">	獨立的控制標籤，可以在網頁中插入水平線段，線段粗細及長短，可由屬性值加以設定。
<A HREF="http://www.ntu.edu.tw/">……</A>	成對的控制標籤，達到網頁文件超連結的功能，藉由透過設定 HREF 屬性值，來設定超連結網址。

試著使用 HTML 的標籤，設計如圖的網頁效果：

其參考的 HTML 程式碼如下：

📄 參考檔案：ntu.htm

```
<HTML>
<HEAD>
<TITLE>國立臺灣大學圖檔與文字超連結</TITLE></HEAD>
<BODY bgcolor="yellow">
<P align="center"><FONT size=20 FACE="標楷體">國立臺灣大學</FONT></P>
<HR SIZE="5">
<IMG src="NTU.jpg" width=200><BR>
<HR SIZE="5">
<P align="Right"><A href="http://www.ntu.edu.tw">臺灣大學超連結</A></P>
</BODY>
</HTML>
```

9-2 urllib 套件的網址解析與擷取

網址又稱 URL（Universal Resource Locator），只要在瀏覽器網址列輸入 URL 並按下「ENTER」鍵，即可連上該網頁。Python 運用 urllib 套件，可以對網址解析與網頁擷取。

9-2-1 網址解析 urlparse( )函式

Python 可以運用 urllib 套件的 urlparse( )函式（定義於 parse 模組），針對網站網址進行解析，其語法如下：

```
urlparse(網址)
```

urlparse( )函式執行後，會回傳一個 ParseResult 物件，該物件為元組資料類型，其屬性資料如下：

索引值	屬性	說明	資料不存在的回傳值
0	scheme	網址的通訊協定	空字串
1	netloc	網站網址	空字串
2	path	網站路徑	空字串
3	params	查詢 url 的參數字串	空字串
4	query	查詢字串	空字串
5	fragment	網頁框架名稱	空字串
6	port	網頁通訊埠	None

程式範例：解析網址

參考檔案：9-2-1-1.py　　學習重點：網址資訊的解析

一、程式設計目標

運用 urllib 套件的網址解析 urlparse( )函式，設計一個 Python 程式，解析測試網址「http://netloc:80/path/;parameters?querystring#fragment」的資訊，執行程式之後，獲得如圖之結果。

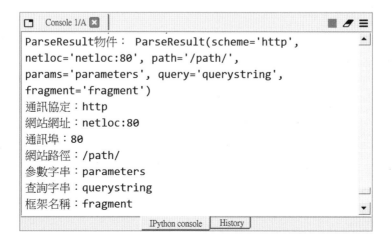

```
ParseResult物件： ParseResult(scheme='http',
netloc='netloc:80', path='/path/',
params='parameters', query='querystring',
fragment='fragment')
通訊協定：http
網站網址：netloc:80
通訊埠：80
網站路徑：/path/
參數字串：parameters
查詢字串：querystring
框架名稱：fragment
```

二、參考程式碼

列數	程式碼
1	*# 解析網址*
2	*import urllib*
3	*url = 'http://netloc:80/path/;parameters?querystring#fragment'*
4	*P_R = urllib.parse.urlparse(url)*
5	*print('ParseResult 物件：', P_R)*
6	*print('通訊協定：%s' % (P_R.scheme))*
7	*print('網站網址：%s' % (P_R.netloc))*
8	*print('通訊埠：%s' % (P_R.port))*
9	*print('網站路徑：%s' % (P_R.path))*
10	*print('參數字串：%s' % (P_R.params))*
11	*print('查詢字串：%s' % (P_R.query))*
12	*print('框架名稱：%s' % (P_R.fragment))*

三、程式碼解說

- 第 2 行：匯入 urllib 套件。
- 第 3 行：設定要解析的網址給變數 url。
- 第 4 行：使用 urllib.parse.urlparse( )函式取得變數 url 的網址解析，並將結果指定給 P_R 物件。
- 第 5 行：印出 P_R 物件的內容。
- 第 6 行：印出 P_R 物件的 scheme 屬性，此處會印出「http」。
- 第 7 行：印出 P_R 物件的 netloc 屬性，此處會印出「netloc:80」。
- 第 8 行：印出 P_R 物件的 port 屬性，此處會印出「80」。
- 第 9 行：印出 P_R 物件的 path 屬性，此處會印出「/path/」，也就是該網頁在網站中的路徑。
- 第 10 行：印出 P_R 物件的 params 屬性，此處會印出「parameters」，也就是網址列中「;」號後方的字串。
- 第 11 行：印出 P_R 物件的 query 屬性，此處會印出「querystring」，也就是網址列中「?」號後方的查詢字串。
- 第 12 行：印出 P_R 物件的 fragment 屬性，此處會印出「fragment」，也就是網址列中「#」號後方的字串。

9-2-2 網頁擷取 urlopen( )函式

Python 可以運用 urllib 套件的 urlopen( )函式（定義於 request 模組），針對網頁進行擷取，其語法如下：

```
urlopen(網址)
```

urlopen( ) 函式執行後，會回傳一個 urllib.response 物件，假設 urllib.request.urlopen 的物件名稱為 uo，其屬性或函式資料如下表所示：

屬性或函式	意義	運算結果
read( )	以 byte 的方式讀取 urllib.response 物件，如要轉成字串需搭配 decode( )函式	uo.read( )
geturl( )	取得 urllib.response 物件的網頁網址	uo.geturl( )
getheader( )	取得 urllib.response 物件的網頁表頭	uo.getheader( )
status	伺服器回傳的狀態碼，例如：200 表示成功獲得資料	uo.status

程式範例：下載臺灣大學網頁資訊

📝 參考檔案：9-2-2-1.py　　　　　　　📝 學習重點：網頁資料的擷取

一、程式設計目標

運用 urllib 套件的網頁擷取 urlopen( )函式，設計一個 Python 程式，連結臺灣大學網頁「http://www.ntu.edu.tw/」擷取其網頁資訊，網頁如圖所示。

本程式會擷取網頁的「網址」、「讀取狀態」、「網頁表頭」、「網頁資料」等資料,擷取下來的網頁資料預設是 Byte 位元格式,其內容如下圖所示。

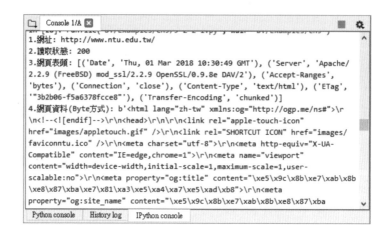

如果將網頁資料轉成字串格式,其內容如下圖所示。

二、參考程式碼

列數	程式碼
1	# 下載臺灣大學網頁資訊
2	import urllib.request
3	url = 'http://www.ntu.edu.tw/'
4	uo = urllib.request.urlopen(url)
5	print('1.網址:', uo.geturl())
6	print('2.讀取狀態:', uo.status)
7	print('3.網頁表頭:', uo.getheaders())
8	content = uo.read()
9	print('4.網頁資料(Byte 方式):', content)
10	print('5.網頁資料(字串方式):', content.decode())

三、程式碼解說

- 第 2 行：匯入 urllib.request 套件。
- 第 3 行：設定臺灣大學的網址給變數 url。
- 第 4 行：使用 urllib.request.urlopen( )函式取得變數 url 的網頁內容，並將結果指定給 uo 物件。
- 第 5 行：印出 uo 物件的網址。
- 第 6 行：印出 uo 物件的 status 屬性，此處會印出「200」，表示資料的傳輸成功。
- 第 7 行：使用 getheaders( )函式取得網頁的表頭資訊。
- 第 8 行：使用 read( )函式取得網頁的原始內容，其預設格式為 Byte。
- 第 9 行：以 Byte 方式印出網頁資料。
- 第 10 行：使用 decode( )函式將 Byte 格式的網頁資料轉成字串後印出其內容。

9-3 requests 套件的網頁擷取

requests 套件為第三方套件，我們在安裝整合開發環境 Anaconda 軟體時，已經安裝了 requests 套件。使用 requests 套件的 get( )函式，可以讀取網頁的資料，其語法如下：

```
get(網址)
```

get( )函式會對伺服器（Server）提出取得網頁資料的請求（Request），伺服器接到請求後，回應（Response）網頁的原始碼內容。

程式範例：從網頁擷取原始碼內容

參考檔案：9-3-1.py　　　　學習重點：get( )函式的使用

一、程式設計目標

以 get( )函式讀取網頁的原始碼內容，此處以師範大學的網頁為例，其網址為「https://www.ntnu.edu.tw/」，下圖為網頁內容。

在 Python 中使用 get( )函式後，獲得的網頁原始碼部分內容如下，此圖顯示校園焦點的第一則新聞「臺灣文化的記憶與轉譯」之原始碼內容。

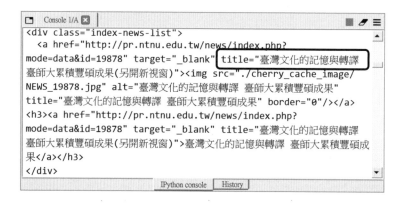

二、參考程式碼

列數	程式碼
1	# 從網頁擷取原始碼內容
2	import requests
3	url = 'https://www.ntnu.edu.tw/'
4	html_body = requests.get(url)
5	html_body.encoding = 'utf-8'
6	print(html_body.text)

三、程式碼解說

- 第 2 行：匯入 requests 套件。
- 第 3 行：將師範大學的網址「https://www.ntnu.edu.tw/」指定給變數 url。

- 第 4 行：使用 requests 套件的 get( )函式取得網頁原始碼內容。
- 第 5 行：設定網頁編碼為「utf-8」。
- 第 6 行：印出該網頁的原始碼內容。

程式範例：尋找網頁原始碼內的指定內容

📑 參考檔案：9-3-2.py　　　　　　　　　　✏️ 學習重點：指定字串的搜尋

一、程式設計目標

　　設計一個 Python 程式，讓使用者先輸入要搜尋的網頁網址，再輸入在該網頁要搜尋的字串。此處以師範大學網址「https://www.ntnu.edu.tw」，要搜尋的字串為「師範大學」為例，其執行結果如圖所示，會在網頁中找到 4 筆字串。

二、參考程式碼

列數	程式碼
1	# 從網頁擷取原始碼內容
2	import requests
3	url = input('請輸入您要搜尋的網址:')
4	html_body = requests.get(url)
5	html_body.encoding = 'utf-8'
6	htmllist = html_body.text.splitlines()
7	n = 0
8	keyword = input('請輸入您要搜尋的字串:')
9	for row in htmllist:
10	if keyword in row:
11	n += 1
12	print('「%s」字串在網頁中找到%s 筆!' % (keyword, n))

三、程式碼解說

- 第 2 行：匯入 requests 套件。
- 第 3 行：使用 input( )函式讀入使用者輸入的網址並指定給變數 url。
- 第 4 行：使用 requests 套件的 get( )函式取得指定網頁的原始碼內容。
- 第 5 行：設定網頁編碼為「utf-8」。
- 第 6 行：使用 splitlines( )函式，去除換行符號後將每一列存成串列。
- 第 7 行：將字串個數的計算變數 n 設為「0」。
- 第 8 行：使用 input( )函式讀入使用者輸入的字串並指定給變數 keyword。
- 第 9～11 行：每列去尋找 keyword 字串，找到則將變數 n 的值加 1。
- 第 12 行：印出該字串在網頁中出現的筆數。

如果檢視師範大學網頁的原始碼，透過瀏覽器的搜尋功能，尋找「師範大學」字串，發現該字串會出現「6 次」。原因在於某些列中，會出現 2 次「師範大學」字串，如圖所示。

因此，我們的程式可以用另一種方式來設計，不使用 splitlines( )函式，改用字串的 count( )函式來計算，此設計方式可以抓出正確的出現次數「6 次」，參考程式碼如下：

📄 參考檔案：9-3-3.py

```
# 從網頁搜尋原始碼內容
import requests
url = 'https://www.ntnu.edu.tw/'
html_body = requests.get(url)
html_body.encoding = 'utf-8'
keyword = input('請輸入您要搜尋的字串:')
n = html_body.text.count(keyword)
print('「%s」字串在網頁中找到%d筆!' % (keyword, n))
```

9-4 BeautifulSoup 套件的網頁解析

BeautifulSoup 套件為第三方套件，我們在安裝整合開發環境 Anaconda 軟體時，已經安裝了 BeautifulSoup 套件。

BeautifulSoup 套件與 requests 套件可以整合運用，由 requests 套件取得網頁的原始碼，然後在 BeautifulSoup 套件中運用 html.parser 解析原始碼，自訂 bs 為 BeautifulSoup 型別物件名稱，其語法如下：

```
bs=BeautifulSoup (原始碼,'html.parser')
```

目前 BeautifulSoup 套件已經發展到第 4 版，簡稱 bs4，匯入 BeautifulSoup 套件的語法如下：

```
from bs4 import BeautifulSoup
```

BeautifulSoup 套件常見的屬性或函式如下表所示，假設 BeautifulSoup 型別物件名稱為 bs：

屬性或函式	說明	範例
title	取得網頁的標題	bs.title
text	取得網頁去除 html 標籤後的內容	bs.text
find('標籤')	找出第一個符合指定條件的 html 標籤，其傳回值為字串，如找不到資料則傳回「None」	bs.find('a')
find_all('標籤')	找出所有符合指定條件的 html 標籤，其傳回值為字串，如找不到資料則傳回「None」	bs.find_all('a')

屬性或函式	說明	範例
select( )	找出指定的 CSS 選擇器之 id 或 class 的內容，id 名稱前要加上「#」符號，class 名稱前要加上「.」符號，其傳回值為串列，如找不到資料則傳回空串列	bs.select('#id 名稱') bs.select('.class 名稱') bs.select('標籤')

　　find( )函式與 find_all( )函式，可以搭配屬性名稱與屬性內容，讀取出符合屬性的標籤資料，其語法如下：

```
find('標籤',{ '屬性名稱':'屬性內容'})
```

程式範例：以 BeautifulSoup 套件進行網頁解析

📄 參考檔案：9-4-1.py　　　　　　　　✏️ 學習重點：指定字串的搜尋

一、程式設計目標

　　以記事本編輯一個具有 3 個超連結的 html 網頁，該網頁具有標題、超連結、class 與 id…等，網頁原始碼內容如圖所示。

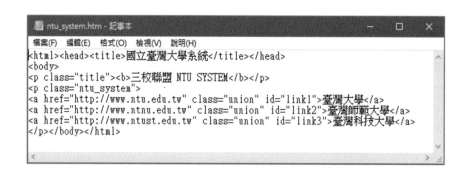

　　該網頁原始碼以瀏覽器檢視時，其內容如圖所示，具有一段文字與一段超連結文字。

將網頁原始碼放入 Python 程式中，透過 BeautifulSoup 套件的屬性、find( ) 函式、find_all( )函式或 select( )函式，擷取出如圖的內容。

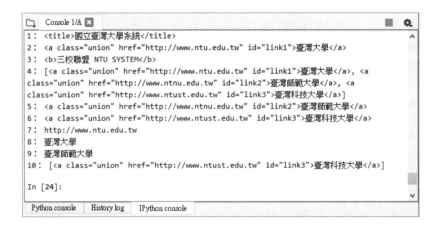

二、參考程式碼

列數	程式碼
1	# 以 BeautifulSoup 套件進行網頁解析
2	from bs4 import BeautifulSoup
3	html_text = """
4	\<html\>\<head\>\<title\>國立臺灣大學系統\</title\>\</head\>
5	\<body\>
6	\<p class="title"\>\<b\>三校聯盟 NTU SYSTEM\</b\>\</p\>
7	\<p class="ntu_system"\>
8	\<a href="http://www.ntu.edu.tw" class="union" id="link1"\>臺灣大學\</a\>
9	\<a href="http://www.ntnu.edu.tw" class="union" id="link2"\>臺灣師範大學\</a\>
10	\<a href="http://www.ntust.edu.tw" class="union" id="link3"\>臺灣科技大學\</a\>
11	\</p\>\</body\>\</html\>
12	"""
13	bs = BeautifulSoup(html_text, 'html.parser')
14	print('1：', bs.title) # 網頁標題屬性
15	print('2：', bs.find('a')) # \<a\>標籤
16	print('3：', bs.find('b')) # \<b\>標籤
17	print('4：', bs.find_all('a', {"class": "union"})) # 印出\<a\>標籤且 class 為 union
18	print('5：', bs.find("a", {"id": "link2"})) # 印出\<a\>標籤且 id 為 link2
19	print('6：', bs.find("a", {"href": "http://www.ntust.edu.tw"}))
20	web = bs.find("a", {"id": "link1"})
21	print('7：', web.get("href")) # 使用 get 取出網址
22	data = bs.select(".union") # select 會傳回串列
23	print('8：', data[0].text) # 串列的第一項
24	print('9：', data[1].text)
25	print('10：', bs.select("#link3"))

三、程式碼解說

- 第 2 行：從 bs4 匯入 BeautifulSoup 套件。
- 第 3～12 行：ntu_system.htm 檔的原始碼，將其內容指定給變數 html_text。
- 第 13 行：在 BeautifulSoup 套件中運用 html.parser 解析原始碼，自訂 bs 為 BeautifulSoup 型別物件名稱。
- 第 14 行：使用 BeautifulSoup 套件的 title 屬性取得網頁的標題。
- 第 15 行：使用 find( ) 函式找出第一個超連結<a>標籤，並印出其內容。
- 第 16 行：使用 find( ) 函式找出文件的第一個<b>標籤，並印出其內容。
- 第 17 行：使用 find_all( ) 函式找出所有的超連結<a>標籤且 class 名稱為「union」項目，並印出其內容。
- 第 18 行：使用 find( )函式找出文件的<a>標籤且 id 名稱為「link2」項目，並印出其內容。
- 第 19 行：使用 find( )函式找出文件的<a>標籤且 href 的內容為「http://www.ntust.edu.tw」項目，並印出其內容。
- 第 20、21 行：取出<a>標籤且 id 名稱為「link1」的內容後，使用 get 取出其網址，並印出其內容。
- 第 22~24 行：使用 select( ) 函式取出 class 名稱為「union」的串列，data[0].text 為串列的第一項，會印出「臺灣大學」字串，data[1].text 為串列的第二項，會印出「臺灣師範大學」字串。
- 第 25 行：使用 select( )函式取出 id 名稱為「link3」的串列，並印出其內容。

TIPs 外部網頁的解析

如果要解析的網頁是位於網站上，假設其網址是「http://140.131.149.185/ntu_system.htm」，可以參考下列程式碼來下載原始碼：

```
import requests
url='http://140.131.149.185/ntu_system.htm'
html=requests.get(url)
html.encoding='utf-8'
```

程式範例：大樂透開獎號擷取程式

📄 參考檔案：9-4-2.py   ✏️ 學習重點：網路爬蟲的應用

一、程式設計目標

　　首先請分析臺灣彩券的網站首頁，其網址為「http://www.taiwanlottery.com.tw/」，在首頁中會公告大樂透的中獎號碼。

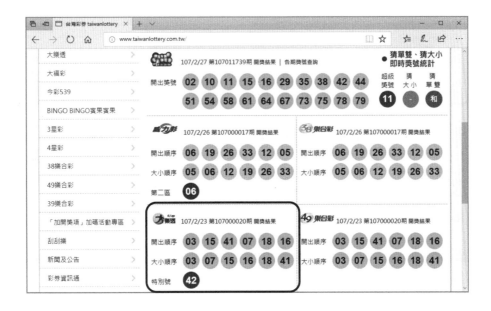

　　檢視該網頁的原始碼，可以發現 class 名稱為「contents_box02」有 4 筆，分別對應到「威力彩區塊」、「38 樂合彩區塊」、「大樂透區塊」與「49 樂合彩區塊」，其中的「大樂透區塊」為第 3 個區塊。

```
<!--*************威力彩區塊*************-->
<div class="contents_box02">
    <div id="contents_logo_02"></div><div class="contents_mine_tx02"><span class="font_b
href="Result_all.aspx#01">開獎結果</a></span></div><div class="contents_mine_tx04">開出順序
ball_green">19 </div><div class="ball_tx ball_green">26 </div><div class="ball_tx ball_gre
</div><div class="ball_tx ball_green">05 </div><div class="ball_tx ball_green">06 </div><d
class="ball_tx ball_green">26 </div><div class="ball_tx ball_green">33 </div><div class="b
</div>
<div class="dotted02"></div>
<!--*************38樂合彩區塊*************-->
<div class="contents_box02">
    <div id="contents_logo_03"></div><div class="contents_mine_tx02"><span class="font_b
href="Result_all.aspx#07">開獎結果</a></span></div><div class="contents_mine_tx04">開出順序
</div><div class="ball_tx ball_green">26 </div><div class="ball_tx ball_green">33 </div><d
class="ball_tx ball_green">05 </div><div class="ball_tx ball_green">06 </div><div class="b
ball_green">26 </div><div class="ball_tx ball_green">33 </div>
</div>
<div class="dotted01"></div>
<!--*************大樂透區塊*************-->
<div class="contents_box02">
    <div id="contents_logo_04"></div><div class="contents_mine_tx02"><span class="font_b
href="Result_all.aspx#02">開獎結果</a></span></div><div class="contents_mine_tx04">開出順序
ball_yellow">23 </div><div class="ball_tx ball_yellow">18 </div><div class="ball_tx ball_y
ball_yellow">44 </div><div class="ball_tx ball_yellow">01 </div><div class="ball_tx ball_y
ball_yellow">23 </div><div class="ball_tx ball_yellow">28 </div><div class="ball_tx ball_y
</div>
<div class="dotted02"></div>
<!--*************49樂合彩區塊*************-->
<div class="contents_box02">
    <div id="contents_logo_05"></div><div class="contents_mine_tx02"><span class="font_b
href="Result_all.aspx#08">開獎結果</a></span></div><div class="contents_mine_tx04">開出順序
ball_yellow">23 </div><div class="ball_tx ball_yellow">18 </div><div class="ball_tx ball_y
ball_yellow">44 </div><div class="ball_tx ball_yellow">01 </div><div class="ball_tx ball_y
ball_yellow">23 </div><div class="ball_tx ball_yellow">28 </div><div class="ball_tx ball_y
</div>
<div class="dotted01"></div>
```

　　請寫一個程式會輸出大樂透的黃球資料，接著輸出開獎的號碼順序，然後依照大小順序排序，最後印出特別號的號碼，其結果如圖所示。

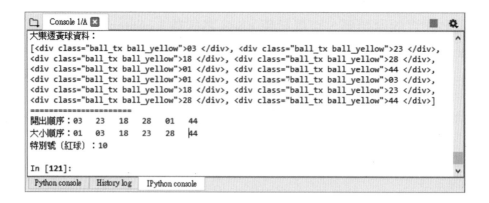

二、參考程式碼

列數	程式碼
1	# 大樂透開獎號擷取程式
2	import requests
3	from bs4 import BeautifulSoup
4	url = 'http://www.taiwanlottery.com.tw/'
5	html = requests.get(url)
6	bs = BeautifulSoup(html.text, 'html.parser')
7	data1 = bs.select(".contents_box02") # 取出 class 名稱為 contents_box02 的串列
8	data2 = data1[2].find_all('div', {'class': 'ball_tx'}) # 在第 3 個區塊中抓出黃球
9	print('大樂透黃球資料：')
10	print(data2)
11	print('======================')
12	# 大樂透號碼
13	print("開出順序：", end="")
14	for n in range(0, 6):
15	print(data2[n].text, end=" ")
16	print("\n 大小順序：", end="")
17	for n in range(6, len(data2)):
18	print(data2[n].text, end=" ")
19	# 特別號
20	red = data1[2].find('div', {'class': 'ball_red'}) # 在第 3 個區塊中抓出紅球
21	print("\n 特別號（紅球）：%s" % (red.text))

三、程式碼解說

- 第 2 行：匯入 requests 套件。

- 第 3 行：從 bs4 匯入 BeautifulSoup 套件。

- 第 4 行：臺灣彩券的網址為「http://www.taiwanlottery.com.tw/」，指定給變數 url。

- 第 5 行：使用 requests 套件的 get( )函式取得網頁原始碼內容。

- 第 6 行：在 BeautifulSoup 套件中運用 html.parser 解析原始碼，自訂 bs 為 BeautifulSoup 型別物件名稱。

- 第 7 行：使用 select( )函式取出 class 名稱為「contents_box02」的串列，data1[0].text 為串列的第一項，也就是「威力彩區塊」字串；data1[1].text 為串列的第二項，也就是「38 樂合彩區塊」字串；data1[2].text 為串列的第三項，也就是「大樂透區塊」字串。

- 第 8 行：使用 find_all( )函式，在 data1[2].text 為串列的第三項，也就是「大樂透區塊」字串中，找出所有的<div>標籤且 class 名稱為「ball_tx」的項目，也就是黃色彩球的部分，並將其資料指定給 data2。

- 第 9、10 行：印出 data2 的內容。

- 第 14、15 行：使用 for 迴圈印出 data2 前 6 個的 text 內容。

- 第 17、18 行：使用 for 迴圈印出 data2 後 6 個的 text 內容。

- 第 20 行：使用 find( )函式，在 data1[2].text 為串列的第三項，也就是「大樂透區塊」字串中，找出第一個<div>標籤且 class 名稱為「ball_red」的項目，也就是紅色彩球的部分，並將其資料指定給 red。

- 第 21 行：印出紅色彩球的 text 內容。

9-5 例外處理

天下事總是沒有完美的，而電腦程式也一樣沒有例外，除了我們自己寫程式時，可能會犯程式邏輯或語法上的錯誤，導致程式輸出有誤之外，我們另外也得考慮使用者使用程式時，有沒有錯誤的輸入或操作，使用者可能因為不小心或對軟體操作不熟悉而犯錯，但有些使用者可能是存心惡作劇，無論使用者是不是故意的，防範這些錯誤於未然的責任，總會落到程式設計師的身上。

有些錯誤可能只會導致程式輸出錯誤結果，有些錯誤卻可能會導致整個程式執行異常而停止運作，Python 的例外處理語法架構如下：

```
try:
    嘗試執行的程式區塊
except 例外名稱1 as 變數名稱:
    例外發生時執行的程式區塊
    ......
except 例外名稱n as 變數名稱:
    例外發生時執行的程式區塊
else:
    若try部分的程式沒發生例外，則會執行此區塊
finally:
    不管有沒有發生例外，都會執行的程式區塊
```

其中的 except 程式區塊至少要有一個，可以有多個，例外名稱或變數名稱則看設計需求，為非必備項目，最後的 else 部分與 finally 部分亦為非必備項目。

下表為 Python 可以指定的常見錯誤類型與說明：

錯誤類型	說明
ZeroDivisionError	除數為 0 時產生的錯誤狀況
ValueError	輸入的資料型別不同時之錯誤狀況
KeyboardInterrupt	使用者輸入中斷指令時所引發之錯誤狀況
EOFError	發生 EOF(End Of File)時所引發之錯誤狀況
FileNotFoundError	檔案或資料夾找不到時所引發之錯誤狀況

程式範例：除法的基本例外處理程式

📋 參考檔案：9-5-1.py　　　　　　　　　　📝 學習重點：基本例外的應用

一、程式設計目標

設計一個兩數的除法程式，讓使用者先輸入被除數 A，再輸入除數 B，接著印出除法運算計算結果，如圖為「5/3」的計算。

如果使用者輸入的被除數為「5」，除數為「0」，程式會回應印出「發生錯誤！」字串，其結果如圖所示。

二、參考程式碼

列數	程式碼
1	# 除法的基本例外處理程式
2	try:
3	print('＊＊＊本程式進行A除以B的除法計算＊＊＊', end='')
4	A = int(input('請輸入被除數A：'))
5	B = int(input('請輸入除數B：'))
6	print("計算結果：", A/B)
7	except:
8	print("發生錯誤！")

三、程式碼解說

- 第 2～6 行：此區塊為「try」區塊，使用 input( )函式讓使用者輸入兩數，並計算結果。

- 第 7、8 行：此區塊為「except」區塊，當錯誤發生時會執行此區塊。

程式範例：除法的進階例外處理程式

📄 參考檔案：9-5-2.py　　　　　　　　📝 學習重點：進階例外的應用

一、程式設計目標

　　設計一個兩數的除法程式，讓使用者先輸入被除數 A，再輸入除數 B，接著印出除法運算計算結果，如圖為「5/3」的計算，並且告訴使用者沒有發生除以 0 或字元型態的錯誤。

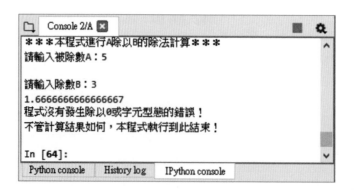

　　如果使用者輸入的被除數為「5」，除數為「0」，程式會跳至 ZeroDivisionError 區塊並回應錯誤的原因為「division by zero」，其結果如圖所示。

　　如果使用者輸入的被除數為「XYZ」，由於輸入的資料型態與要接收資料的變數之資料型態不同，程式會跳至 ValueError 區塊並回應錯誤的原因為「invalid literal for int( ) with base 10: 'XYZ'」，其結果如圖所示。

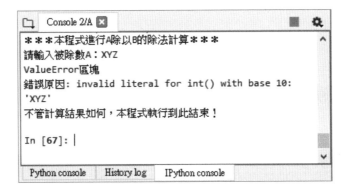

二、參考程式碼

列數	程式碼
1	# 除法的進階例外處理程式
2	try:
3	print('＊＊＊本程式進行A 除以B 的除法計算＊＊＊', end='')
4	A = int(input('請輸入被除數A：'))
5	B = int(input('請輸入除數B：'))
6	print(A/B)
7	except ZeroDivisionError as z:
8	print("跳至ZeroDivisionError 區塊")
9	print("錯誤原因:", z)
10	except ValueError as v:
11	print("ValueError 區塊")
12	print("錯誤原因:", v)

```
13    else:
14        print('程式沒有發生除以 0 或字元型態的錯誤！')
15    finally:
16        print('不管計算結果如何，本程式執行到此結束！')
```

三、程式碼解說

- 第 2～6 行：此區塊為「try」區塊，使用 input( )函式讓使用者輸入兩數，並計算結果。

- 第 7~9 行：此區塊為「ZeroDivisionError」例外處理區塊，當發生除以「0」的狀況時，會執行此區塊。

- 第 10~12 行：此區塊為「ValueError」例外處理區塊，當發生輸入的資料型態與要接收資料的變數之資料型態不同時，會執行此區塊。

- 第 13、14 行：當程式沒有發生除以 0 或字元型態的錯誤時，會執行此「else」區塊。

- 第 15、16 行：此區塊為「finally」區塊，不管例外狀況有無發生，都會執行此程式區塊。

9-6 程式練習

練習題 1：文字檔案列印與例外控制程式

📄 參考檔案：9-6-1.py、MayDay.txt　　📝 學習重點：檔案讀取與例外控制的應用

一、程式設計目標

撰寫 Python 程式，依使用者輸入的檔名，讀取文字檔案，如圖為「MayDay.txt」文字檔案的內容。

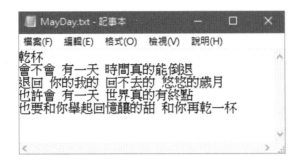

執行程式的時候，輸入要列印的文字檔案名稱，此處輸入「MayDay.txt」後，會列印出五月天的乾杯歌詞，如圖所示。

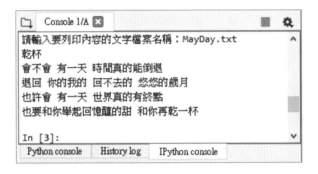

當輸入的檔名不正確，程式會一直提醒「找不到該檔案名稱！」並且加上錯誤訊息，直到檔案名稱輸入正確為止，如圖所示。

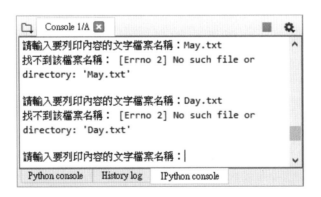

二、參考程式碼

列數	程式碼
1	# 文字檔案列印與例外控制程式
2	while True:
3	try:
4	fileName = input('請輸入要列印內容的文字檔案名稱：')
5	file_Obj = open(fileName, 'r')

```
6              break
7         except FileNotFoundError as F:
8              print('找不到該檔案名稱：', F)
9    content = file_Obj.read()  # 讀取檔案
10   print(content)  # 印出文字檔案內容
11   file_Obj.close()  # 關閉檔案
```

三、程式碼解說

- 第 2～8 行：此段為 while 迴圈，當檔名正確，檔案可以讀取時，會跳出（break）迴圈；否則，會在迴圈內不斷出現「找不到該檔案名稱：」字串與錯誤警告。
- 第 9 行：使用 read( ) 函式讀取檔案內容。
- 第 10 行：使用 print( ) 函式列印檔案內容。
- 第 11 行：使用 close( ) 函式關閉檔案。

練習題 2：網路擷取圖片程式

📄 參考檔案：9-6-2.py　　　　　　　✏️ 學習重點：網頁圖片擷取的應用

一、程式設計目標

撰寫 Python 程式，自動擷取教育部網頁的圖片，教育部網站的網址為「https://www.edu.tw/」，其網站如圖所示。

執行程式的時候，會抓取網頁原始碼上所有的「img」標籤資料，進行網頁上圖檔的下載，並且會印出圖檔下載的狀況，下載成功或無法下載，如圖所示。

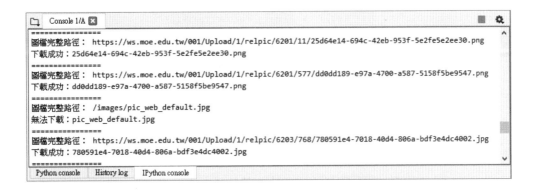

程式會自動在「9-6-2.py」檔案的工作目錄，建立資料夾「pics」，並將網頁擷取下來的圖檔置於其中，其下載結果如圖所示。

二、參考程式碼

列數	程式碼
1	*# 網路擷取圖片程式*
2	*import requests*
3	*import os*
4	*import urllib*
5	*from bs4 import BeautifulSoup*
6	*url = 'https://www.edu.tw/'*
7	*html = requests.get(url)*
8	*html.encoding = "utf-8"*

```
9      bs = BeautifulSoup(html.text, 'html.parser')
10     pics_dir = "pics"
11     if not os.path.exists(pics_dir):
12         os.mkdir(pics_dir)  # 在工作目錄下建立目錄pics 來儲存圖片
13     all_links = bs.find_all('img')  # 用串列取得所有<img>標籤的內容
14     for link in all_links:
15         src = link.get('src')  # 讀取 src 屬性值的內容
16         attrs = [src]  # 將 src 字串轉成串列 attrs
17         for attr in attrs:
18             if attr != None and ('.jpg' in attr or '.png' in attr):  # jpg 或png 檔
19                 full_path = attr  # 設定圖檔完整路徑
20                 file_n = full_path.split('/')[-1]  # 從網址的最右側取得圖檔的名稱
21                 print('=================')
22                 print('圖檔完整路徑：', full_path)
23                 try:  # 儲存圖片程式區塊
24                     image = urllib.request.urlopen(full_path)
25                     f = open(os.path.join(pics_dir, file_n), 'wb')
26                     f.write(image.read())
27                     print('下載成功：%s' % (file_n))
28                     f.close()
29                 except:  # 無法儲存圖片程式區塊
30                     print("無法下載：%s" % (file_n))
```

三、程式碼解說

- 第 2、3 行：匯入各項所需的套件，包括：requests 套件、os 套件、urllib 套件、BeautifulSoup 套件等。

- 第 4 行：設定教育部網站網址「https://www.edu.tw/」給變數 url。

- 第 8～10 行：設定存放圖片檔案的資料夾名稱，如果資料夾不存在，則在工作目錄下建立目錄「pics」來儲存圖片檔案。

- 第 11 行：使用 find_all( )函式取得所有<img>標籤的內容。

- 第 12～14 行：使用 for 迴圈對每一個<img>標籤做處理，讀取 src 屬性值的內容，然後將 src 字串轉成串列 attrs。

- 第 15～18 行：對串列 attrs 內的每一項做處理，如果該項非空，且副檔名為「.jpg」或「.png」，則設定圖檔完整路徑給變數「full_path」，並從網址的最右側取得圖檔的名稱指定給變數「file_n」。

- 第 21～26 行：使用 urlopen( )函式取得圖檔資料，並以二進位寫入模式「wb」，將下載的檔案以同檔名寫到工作目錄下之資料夾內，完成後印出「下載成功：」加上檔案名稱字串，最後進行檔案關閉。

- 第 27、28 行：當檔案下載失敗時，進入此「except」區塊，印出「無法下載：」加上檔案名稱字串。

📖 習題

選擇題

( ) 1. 在 urlparse( )函式執行後，可以從哪一個屬性知道網站網址？

    (a) scheme   (b) netloc   (c) path   (d) params

( ) 2. 以 urlopen( )函式執行後，資料成功下載的伺服器回傳狀態碼為何？

    (a) 100   (b) 200   (c) 404   (d) 503

( ) 3. BeautifulSoup 套件的 select( )函式，要找出指定的 CSS 選擇器之 id 時，要在 id 名稱前要加上何種符號？

    (a)「,」符號   (b)「,」符號   (c)「/」符號   (d)「#」符號

( ) 4. 在 Python 的例外處理語法架構中，哪一個區塊只要存在就一定會被執行？

    (a) except 區塊   (b) else 區塊   (c) finally 區塊   (d) 以上皆非

( ) 5. Python 中發生輸入的資料型別不同時之錯誤狀況為下列何者？

    (a) ZeroDivisionError   除數為 0 時產生的錯誤狀況

    (b) ValueError   輸入的資料型別不同時之錯誤狀況

    (c) KeyboardInterrupt   使用者輸入中斷指令時所引發之錯誤狀況

    (d) EOFError   發生 EOF(End Of File)時所引發之錯誤狀況

( ) 6. 執行下列程式碼會發生何種錯誤？

```
move=0
total=10
if move == 0:
    Value = total / move
```

    (a) KeyboardInterrupt   (b) EOFError

    (c) ValueError   (d) ZeroDivisionError

（   ）7. 關於 Python 的例外處理，下列敘述何者錯誤？

   (a) except 程式區塊至少要有一個

   (b) 例外名稱為非必備項目

   (c) else 部分與 finally 部分亦為非必備項目

   (d) 可以有一個或多個 finally 部分

問答題

1. 請說明 HTML 網頁的基本架構。

2. 請說明例外處理的意義與語法架構。

圖形化使用者介面

圖形化使用者介面（Graphical User Interface，簡稱 GUI）為多數使用者所接受，為了讓使用者更加容易使用 Python 所開發的程式，開發者會應用相關套件來建立圖形化使用者介面。

10-1 tkinter 套件

Python 進行視窗程式設計時，常常會使用 tkinter 套件，此套件是一個跨平台的 GUI 套件，能夠在 Windows、Mac、Linux…等平台開發 GUI 程式。在安裝 Python 時，會同時安裝 tkinter 套件，使用時先匯入套件即可，其匯入的語法如下：

```
import tkinter
```

要從 Python 程式建立一個視窗很簡單，只要 3 行指令就可以建立基本視窗，其視窗主體基本框架如下：

📑 參考檔案：10-1-1.py

```
#視窗主體基本框架
import tkinter #匯入 tkinter 套件
window = tkinter.Tk() #呼叫 Tk( )函式建立視窗，T 大寫，k 小寫
window.mainloop() #呼叫 mainloop( )函式讓程式運作直到關閉視窗為止
```

匯入 tkinter 套件後,呼叫 Tk( )函式建立視窗,並將建立的視窗指定給視窗名稱變數 window,最後是呼叫 mainloop( )函式讓程式運作直到關閉視窗為止,執行結果如圖所示。

視窗常用的函式有兩個,一個是設定視窗標題的 title( )函式,未設定標題時,其標題預設值是「tk」,假設視窗名稱為 window,其設定標題的語法如下:

```
window.title('標題文字')
```

一個是設定視窗大小的 geometry,其設定視窗寬度與高度語法如下:

```
window.geometry('寬度 x 高度')
```

程式範例:建立 500x300 的視窗

參考檔案:10-1-2.py   學習重點:tkinter 套件的使用

一、程式設計目標

運用 tkinter 套件建立一個 500x300 的視窗,並且將視窗標題設為「我的 GUI 視窗」,其結果如圖所示。

二、參考程式碼

列數	程式碼
1	*#建立 500x300 的視窗*
2	*import tkinter #匯入 tkinter 套件*
3	*window = tkinter.Tk() #呼叫 Tk( )函式建立視窗,T 大寫,k 小寫*
4	*window.title('我的 GUI 視窗')*
5	*window.geometry('500x300')*
6	*window.mainloop() #呼叫 mainloop( )函式讓程式運作直到關閉視窗為止*

三、程式碼解說

- 第 2 行:匯入 tkinter 套件。
- 第 3 行:使用 Tk( )函式建立視窗,並指定給視窗名稱變數 window。
- 第 4 行:設定視窗標題文字為「我的 GUI 視窗」字串。
- 第 5 行:設定視窗大小為寬度 500 像素,高度 300 像素。
- 第 6 行:呼叫 mainloop( )函式讓程式運作直到關閉視窗為止。

10-2 tkinter 套件的基礎元件

tkinter 套件除了視窗元件外,還有許多使用者介面元件,包括:標籤、按鈕、文字方塊…等,提供給開發者運用,相關說明如下:

10-2-1 標籤(Label)

標籤本身是一個用來顯示資訊的元件,它常用來提示使用者該如何使用這個介面,標籤與文字方塊都能夠顯示文字訊息,但是使用者無法在標籤內輸入文字,而文字方塊可以。

建立標籤的語法如下:

```
tkinter.Label(容器物件[, 參數1=值, 參數2=值, …])
```

- 容器物件:是指標籤置於該物件之上。
- 參數:是指對於標籤的相關設定,常見的標籤參數如表所示。

參數	說明
text	標籤文字
width	標籤寬度
height	標籤高度
background	標籤的背景顏色，簡稱 bg
foreground	標籤的文字顏色，簡稱 fg
padx	標籤文字與標籤物件邊緣的水平間距
pady	標籤文字與標籤物件邊緣的垂直間距
justify	對齊方式，有靠左（Left）、置中（Center）、靠右（Right）
font	標籤文字字體與大小，例如：font=('新細明體',14)

　　物件置於容器之上時，需要以 pack( ) 函式編排物件位置，該函式的 side 位置有 4 個參數可以調配，包括：「top」、「left」、「right」、「bottom」等，其預設值是由上到下排列的「top」，pack( ) 函式的使用語法如下：

```
pack(side='參數')
```

程式範例：調整標籤參數

📄 參考檔案：10-2-1-1.py　　　　　　　✏️ 學習重點：標籤參數的設定

一、程式設計目標

　　運用 tkinter 套件建立一個 250x100 的視窗，視窗的標題文字為「標籤參數設定」，視窗中有一個標籤，標籤的背景顏色是藍色，字體為「新細明體」，文字的大小為「14」點字，標籤文字與容器物件的水平間距為「40」，垂直間距為「20」，該視窗如圖所示。

二、參考程式碼

列數	程式碼
1	#調整標籤參數
2	from tkinter import *
3	win = Tk()
4	win.title('標籤參數設定')
5	win.geometry('250x100')
6	label = Label(win,text='標籤',bg='blue',font=('新細明體',14),padx=40,pady=20)
7	label.pack()
8	win.mainloop()

三、程式碼解說

- 第 2 行：匯入 tkinter 套件。
- 第 3 行：使用 Tk( )函式建立視窗，並指定給視窗名稱變數 win。
- 第 4 行：設定視窗標題文字為「標籤參數設定」字串。
- 第 5 行：設定視窗大小為寬度 250 像素，高度 100 像素。
- 第 6 行：設定標籤的參數，包括：文字、背景顏色、字體、大小、水平間距（padx）與垂直間距（pady）。
- 第 7 行：以 pack( )函式的預設編排位置「top」來配置標籤。
- 第 8 行：呼叫 mainloop( )函式讓程式運作直到關閉視窗為止。

程式範例：調整標籤排列

📋 參考檔案：10-2-1-2.py　　　　　　　✍ 學習重點：pack( )的設定

一、程式設計目標

　　運用 tkinter 套件建立一個 250x100 的視窗，視窗的標題文字為「標籤排列」，視窗中有 4 個標籤，標籤的背景顏色分別為「黃色」、「藍色」、「紅色」與「綠色」，排列的位置分別為「top」、「left」、「right」與「bottom」，該視窗如圖所示。

二、參考程式碼

列數	程式碼
1	#調整標籤排列
2	import tkinter
3	win = tkinter.Tk()
4	win.title('標籤排列')
5	win.geometry('250x100')
6	label1 = tkinter.Label(win,text="標籤1", bg="yellow")
7	label2 = tkinter.Label(win,text="標籤2", bg="blue")
8	label3 = tkinter.Label(win,text="標籤3", bg="red")
9	label4 = tkinter.Label(win,text="標籤4", bg="green")
10	label1.pack(side='top')
11	label2.pack(side='left')
12	label3.pack(side='right')
13	label4.pack(side='bottom')
14	win.mainloop()

三、程式碼解說

- 第 2 行：匯入 tkinter 套件。
- 第 3 行：使用 Tk( )函式建立視窗，並指定給視窗名稱變數 win。
- 第 4 行：設定視窗標題文字為「標籤排列」字串。
- 第 5 行：設定視窗大小為寬度 250 像素，高度 100 像素。
- 第 6～9 行：設定 4 個標籤的參數，包括：文字與背景顏色。
- 第 10～13 行：以 pack( )函式設定 4 個標籤的排列位置，其參數分別為「top」、「left」、「right」與「bottom」。
- 第 14 行：呼叫 mainloop( )函式讓程式運作直到關閉視窗為止。

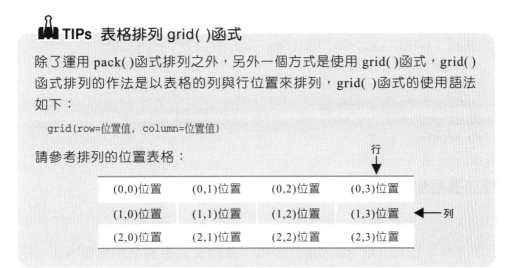

TIPs 表格排列 grid( )函式

除了運用 pack( )函式排列之外，另外一個方式是使用 grid( )函式，grid( )函式排列的作法是以表格的列與行位置來排列，grid( )函式的使用語法如下：

```
grid(row=位置值, column=位置值)
```

請參考排列的位置表格：

(0,0)位置	(0,1)位置	(0,2)位置	(0,3)位置
(1,0)位置	(1,1)位置	(1,2)位置	(1,3)位置
(2,0)位置	(2,1)位置	(2,2)位置	(2,3)位置

程式範例：調整標籤表格排列

📋 參考檔案：10-2-1-3.py　　　　　　　　　📝 學習重點：grid( )的設定

一、程式設計目標

　　運用 tkinter 套件建立一個視窗，視窗的標題文字為「標籤 grid 排列」，視窗中有 4 個標籤，標籤的背景顏色分別為「黃色」、「藍色」、「紅色」與「綠色」，排列的位置分別為「(0,0)」、「(0,2)」、「(1,1)」與「(2,2)」，該視窗如圖所示。

二、參考程式碼

列數	程式碼
1	# 調整標籤表格排列
2	import tkinter
3	win = tkinter.Tk()
4	win.title('標籤 grid 排列')
5	label1 = tkinter.Label(win, text="標籤 row=0,column=0", bg="yellow")

```
6    label2 = tkinter.Label(win, text="標籤row=0,column=2", bg="blue")
7    label3 = tkinter.Label(win, text="標籤row=1,column=1", bg="red")
8    label4 = tkinter.Label(win, text="標籤row=2,column=2", bg="green")
9    label1.grid(row=0, column=0)
10   label2.grid(row=0, column=2)
11   label3.grid(row=1, column=1)
12   label4.grid(row=2, column=2)
13   win.mainloop()
```

三、程式碼解說

- 第 2 行：匯入 tkinter 套件。
- 第 3 行：使用 Tk( )函式建立視窗，並指定給視窗名稱變數 win。
- 第 4 行：設定視窗標題文字為「標籤 grid 排列」字串。
- 第 5～8 行：設定 4 個標籤的參數，包括：文字與背景顏色。
- 第 9～12 行：以 grid( )函式設定 4 個標籤的排列位置，其「(row,column)」參數分別為「(0,0)」、「(0,2)」、「(1,1)」與「(2,2)」。
- 第 13 行：呼叫 mainloop( )函式讓程式運作直到關閉視窗為止。

10-2-2 按鈕（Button）

　　按鈕在視窗軟體中，算是必備的項目，許多應用程式都會使用按鈕元件，用來執行各種事件程序。其實在日常生活中，我們也不曾缺少按鈕，像是門鈴按鈕，當我們按下它時，電鈴會發出鈴聲，在電鈴例子中，按鈕所扮演的角色，很明顯的是「產生鈴聲」這個動作的啟動器。

　　在電腦的世界中，也是同樣的狀況，其運作的動作是由開發者用程式碼來定義，在 tkinter 套件建立按鈕的語法如下：

```
tkinter.Button(容器物件[, 參數1=值, 參數2=值, …])
```

- 容器物件：是指按鈕置於該物件之上。
- 參數：是指對於按鈕的相關設定，常見的按鈕參數如表所示。

參數	說明
text	按鈕文字
width	按鈕寬度

參數	說明
height	按鈕高度
background	按鈕的背景顏色，簡稱 bg
foreground	按鈕的文字顏色，簡稱 fg
padx	按鈕文字與按鈕物件邊緣的水平間距
pady	按鈕文字與按鈕物件邊緣的垂直間距
justify	對齊方式，有靠左（Left）、置中（Center）、靠右（Right）
font	按鈕文字字體與大小，例如：font=('新細明體',14)
command	當使用者按下按鈕時，呼叫 command 所指定的函式
textvariable	按鈕文字之變數，可用作設定或取得按鈕的文字內容
underline	按鈕文字加上底線，預設值為-1，代表全部不加底線，0 表示第 1 個字元，1 表示第 2 個字元，2 表示第 3 個字元，依此類推

程式範例：HelloPython 視窗程式

📋 參考檔案：10-2-2-1.py　　　　　✏️ 學習重點：按鈕元件的使用

一、程式設計目標

　　運用 tkinter 套件建立有一個按鈕的視窗，按鈕的文字為「Hello 按鈕」，按下按鈕後，視窗會在按鈕下方回覆「Hello, Python!」文字，如右圖所示。

二、參考程式碼

列數	程式碼
1	# HelloPython 視窗程式
2	import tkinter
3	def HelloMsg():
4	label["text"] = "Hello, Python!"
5	win = tkinter.Tk()
6	btn = tkinter.Button(win, text="Hello 按鈕", command=HelloMsg)
7	label = tkinter.Label(win)
8	btn.pack()

```
9    label.pack()
10   win.mainloop()
```

三、程式碼解說

- 第 2 行：匯入 tkinter 套件。

- 第 3、4 行：定義一個 HelloMsg( )函式，函式內將 text 的值設為「Hello, Python!」字串。

- 第 5 行：使用 Tk( )函式建立視窗，並指定給視窗名稱變數 win。

- 第 6 行：使用 Button( )函式在 win 視窗上建立按鈕，設按鈕文字為「Hello 按鈕」，按下按鈕的 command 動作為呼叫 HelloMsg( )函式。

- 第 7 行：使用 Label( )函式在 win 視窗上建立標籤。

- 第 8、9 行：按鈕與標籤的排列位置為預設方式「top」，由上到下排列。

10-2-3 文字方塊（Entry）

文字方塊（Entry）可以用來讓使用者輸入資料，在視窗軟體中，算是相當常使用的元件，在 tkinter 套件建立文字方塊的語法如下：

```
tkinter.Entry(容器物件[, 參數 1=值, 參數 2=值, …])
```

- 容器物件：是指文字方塊置於該物件之上。

- 參數：是指對於文字方塊的相關設定，常見的文字方塊參數如表所示。

參數	說明
text	文字方塊文字
width	文字方塊寬度
background	文字方塊的背景顏色，簡稱 bg
foreground	文字方塊的文字顏色，簡稱 fg
state	文字方塊的輸入狀態，預設值是 normal；如為 disabled 則無法輸入；如為 readonly 則為唯讀
textvariable	文字方塊文字之變數，可用作設定或取得文字方塊的文字內容

程式範例：加法視窗程式

參考檔案：10-2-3-1.py　　　　　學習重點：文字方塊元件的使用

一、程式設計目標

　　運用 tkinter 套件建立有文字方塊、標籤與按鈕的視窗，視窗的標題文字為「加法視窗程式」，按鈕的文字為「＝」，按下按鈕後，程式會回覆兩數相加的結果，如圖所示為輸入「3.3」與「5.5」浮點數，計算結果為「8.8」。

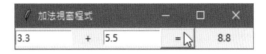

二、參考程式碼

列數	程式碼
1	# 加法視窗程式
2	import tkinter
3	def add_num():
4	result.set(num1.get() + num2.get())
5	win = tkinter.Tk()
6	win.title('加法視窗程式')
7	num1 = tkinter.DoubleVar()
8	num2 = tkinter.DoubleVar()
9	result = tkinter.DoubleVar()
10	item1 = tkinter.Entry(win, width=10, textvariable=num1)
11	label1 = tkinter.Label(win, width=5, text='+')
12	item2 = tkinter.Entry(win, width=10, textvariable=num2)
13	btn = tkinter.Button(win, width=5, text='=', command=add_num)
14	label2 = tkinter.Label(win, width=10, textvariable=result)
15	item1.pack(side='left')
16	label1.pack(side='left')
17	item2.pack(side='left')
18	btn.pack(side='left')
19	label2.pack(side='left')
20	win.mainloop()

三、程式碼解說

- 第 2 行：匯入 tkinter 套件。

- 第 3、4 行：定義一個 add_num( )函式，函式內使用 get( )方法取得兩個文字方塊的內容，然後將相加後的結果，透過 set( )方法設定給標籤 result。

- 第 5 行：使用 Tk( )函式建立視窗，並指定給視窗名稱變數 win。

- 第 6 行：設定視窗標題文字為「加法視窗程式」字串。

- 第 7~9 行：DoubleVar( )函式定義於 tkinter 模組，表示 num1、num2 與 result 是浮點數型態的物件；如為整數型態的物件會使用 IntVar( )函式，字串型態的物件會使用 StringVar( )函式，布林型態的物件會使用 BooleanVar( )函式。

- 第 10~14 行：在視窗變數 win 上面，布置 2 個文字方塊 Entry，2 個標籤 Label，1 個按鈕 Button，並設定相關參數。

- 第 15~19 行：將視窗上所有元件的編排位置，置左放置。

10-2-4 文字區域（Text）

文字區域（Text）可以用來讓使用者輸入具有格式的資料，在 tkinter 套件建立文字區域的語法如下：

```
tkinter.Text(容器物件[, 參數 1=值, 參數 2=值, …])
```

- 容器物件：是指文字區域置於該物件之上。

- 參數：是指對於文字區域的相關設定，常見的文字區域參數如表所示。

參數	說明
width	文字區域寬度
height	文字區域高度
background	文字區域的背景顏色，簡稱 bg
foreground	文字區域的文字顏色，簡稱 fg
state	文字區域的輸入狀態，預設值是 normal；如為 disabled 則無法輸入；如為 readonly 則為唯讀
padx	文字區域的文字與文字物件邊緣的水平間距

參數	說明
pady	文字區域的文字與文字物件邊緣的垂直間距
wrap	文字換行的方式，預設值是「char」，當文字超過文字區域的寬度時，會切斷單字進行換行；如參數值為「word」，則不會切斷單字換行；如參數值為「none」，則不換行，但必須搭配開啟水平捲軸
xscrollcommand	水平捲軸
yscrollcommand	垂直捲軸

程式範例：文字換行模擬程式

📄 參考檔案：10-2-4-1.py　　　　　　　✏️ 學習重點：文字區域元件的使用

一、程式設計目標

運用 tkinter 套件建立文字區域，寬度為「40」，高度為「8」，視窗的標題文字為「文字換行模擬程式」。本程式讓使用者挑選文章文字換行的方式，其換行模式有 3 種選擇，如圖所示。

如果使用者輸入「1」，將依文字區域寬度換行，其結果如圖所示，文字內容一碰到文字區域邊界就直接換行。

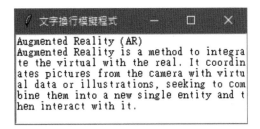

　　如果使用者輸入「2」，將依文章內容的單字換行，其結果如圖所示，會依單字來換行。

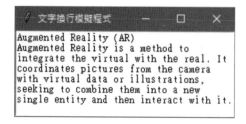

　　如果使用者輸入「3」，文章內容將不換行，其結果如圖所示，文字內容不換行，一行到底。

二、參考程式碼

列數	程式碼
1	# 文字換行模擬程式
2	import tkinter
3	txt = 'Augmented Reality is a method to integrate the virtual with the real. \
4	It coordinates pictures from the camera with virtual data or illustrations, \
5	seeking to combine them into a new single entity and then interact with it.'
6	win = tkinter.Tk()
7	win.title('文字換行模擬程式')
8	choice = input('換行模式(1:依文字區域寬度換行 2:依單字換行 3:不換行)：')
9	if(choice == '1'):
10	text = tkinter.Text(win, width=40, height=8, wrap='char')
11	elif(choice == '2'):
12	text = tkinter.Text(win, width=40, height=8, wrap='word')
13	elif(choice == '3'):
14	text = tkinter.Text(win, width=40, height=8, wrap='none')
15	text.insert('end', 'Augmented Reality (AR)\n')
16	text.insert('end', txt)
17	text.pack()
18	win.mainloop()

三、程式碼解說

- 第 3~5 行：定義一個 txt 變數，其內容為一段描述擴充實境（AR）的英文文章，在文章內容不換行的情況下，以「\」跳脫符號來避免單行文字過長。

- 第 6 行：使用 Tk( )函式建立視窗，並指定給視窗名稱變數 win。

- 第 7 行：設定視窗標題文字為「文字換行模擬程式」字串。

- 第 8~14 行：此處為判斷結構之 if…elif…敘述，根據使用者輸入的換行方式來選擇不同的 wrap 參數值，輸入「1」為「依文字區域寬度換行」，輸入「2」為「依單字換行」，輸入「3」為「不換行」，其對應的參數值分別為「char」、「word」、「none」，並且將文字區域的「width」設為「40」，「height」設為「8」。

- 第 15、16 行：將文章標題「Augmented Reality (AR)」與文章內容，放入文字區域內。

10-2-5 捲軸（Scrollbar）

在 10-2-4 節的程式範例中，如果文字區域的 wrap 參數值設為「none」時，其文字不會換行，為了方便使用者瀏覽文章內容，往往會搭配捲軸（Scrollbar）來處理。

捲軸可以在文字區域（Text）顯示捲軸，幫助使用者瀏覽資料，在 tkinter 套件建立捲軸的語法如下：

```
tkinter.Scrollbar(容器物件[, 參數1=值, 參數2=值, …])
```

- 容器物件：是指捲軸置於該物件之上。

- 參數：是指對於捲軸的相關設定，常見的捲軸參數如表所示。

參數	說明
width	捲軸寬度
background	捲軸的背景顏色，簡稱 bg
borderwidth	捲軸的框線寬度，簡稱 bd

參數	說明
orient	垂直捲軸或水平捲軸，預設值為垂直捲軸「vertical」，水平捲軸為「horizontal」
command	當使用者移動捲軸時，呼叫 command 所指定的函式

程式範例：垂直捲軸應用程式

📄 參考檔案：10-2-5-1.py　　　　　　📝 學習重點：捲軸元件的使用

一、程式設計目標

　　運用 tkinter 套件建立文字區域與垂直捲軸，文字區域的寬度為「40」，高度為「5」，視窗的標題文字為「垂直捲軸應用程式」，本程式依文章內容的單字換行，並且搭配與視窗高度同高的垂直捲軸，以利使用者瀏覽文章，如下圖所示。

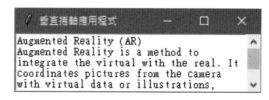

二、參考程式碼

列數	程式碼
1	# 垂直捲軸應用程式
2	import tkinter
3	txt = 'Augmented Reality is a method to integrate the virtual with the real. \
4	It coordinates pictures from the camera with virtual data or illustrations, \
5	seeking to combine them into a new single entity and then interact with it.'
6	win = tkinter.Tk()
7	win.title('垂直捲軸應用程式')
8	sbar = tkinter.Scrollbar(win)
9	text = tkinter.Text(win, width=40, height=5, wrap='word')
10	text.insert('end', 'Augmented Reality (AR)\n')
11	text.insert('end', txt)
12	sbar.pack(side='right', fill='y')
13	text.pack(side='left', fill='y')
14	sbar["command"] = text.yview
15	text["yscrollcommand"] = sbar.set
16	win.mainloop()

三、程式碼解說

- 第 6 行：使用 Tk( ) 函式建立視窗，並指定給視窗名稱變數 win。
- 第 7 行：設定視窗標題文字為「垂直捲軸應用程式」字串。
- 第 8 行：在容器物件「win」上建立捲軸 sbar。
- 第 9 行：在容器物件「win」上建立文字區域 text，並且設定其參數值「width」為「40」、「height」為「5」與「wrap」為「word」。
- 第 10、11 行：將文章標題「Augmented Reality (AR)」與文章內容，放入文字區域內。
- 第 12 行：將捲軸置於容器物件的「right」方，透過設定參數「fill」的值為「y」，表示要與容器物件的高度相同。
- 第 13 行：將文字區域置於容器物件的「left」方，透過設定參數「fill」的值為「y」，表示要與容器物件的高度相同。
- 第 14 行：將捲軸的參數「command」設為「text.yview」，為呼叫 yview( ) 方法捲動文字區域。
- 第 15 行：將文字區域的參數「yscrollcommand」設為「sbar.set」，表示將垂直捲軸連結到文字區域。

程式範例：水平捲軸應用程式

📄 參考檔案：10-2-5-2.py　　　　　　　　　✍ 學習重點：捲軸元件的使用

一、程式設計目標

運用 tkinter 套件建立文字區域與水平捲軸，文字區域的寬度為「40」，高度為「3」，視窗的標題文字為「水平捲軸應用程式」，文章內容不換行，並且搭配與視窗寬度同寬的水平捲軸，以利使用者瀏覽文章，如圖所示。

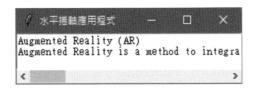

二、參考程式碼

列數	程式碼
1	# 水平捲軸應用程式
2	import tkinter
3	txt = 'Augmented Reality is a method to integrate the virtual with the real. \
4	It coordinates pictures from the camera with virtual data or illustrations, \
5	seeking to combine them into a new single entity and then interact with it.'
6	win = tkinter.Tk()
7	win.title('水平捲軸應用程式')
8	sbar = tkinter.Scrollbar(win, orient='horizontal')
9	text = tkinter.Text(win, width=40, height=3, wrap='none')
10	text.insert('end', 'Augmented Reality (AR)\n')
11	text.insert('end', txt)
12	sbar.pack(side='bottom', fill='x')
13	text.pack(side='left', fill='x')
14	sbar["command"] = text.xview
15	text["xscrollcommand"] = sbar.set
16	win.mainloop()

三、程式碼解說

- 第 8 行：在容器物件「win」上建立捲軸 sbar，並且將其參數「orient」設為「horizontal」，設為水平方向。

- 第 9 行：在容器物件「win」上建立文字區域 text，並且設定其參數值「width」為「40」、「height」為「3」與「wrap」為不換行「none」。

- 第 12 行：將捲軸置於容器物件的「bottom」方，透過設定參數「fill」的值為「x」，表示要與容器物件的寬度相同。

- 第 13 行：將文字區域置於容器物件的「left」方，透過設定參數「fill」的值為「x」，表示要與容器物件的寬度相同。

- 第 14 行：將捲軸的參數「command」設為「text.xview」，為呼叫 xview( ) 方法捲動文字區域。

- 第 15 行：將文字區域的參數「xscrollcommand」設為「sbar.set」，表示將水平捲軸連結到文字區域。

10-3 tkinter 套件的進階元件

10-3-1 對話方塊（messagebox）

對話方塊（messagebox）可以用來顯示訊息，以獲得使用者的回應，在 tkinter 套件建立對話方塊的語法如下：

```
tkinter.messagebox.方法(標題, 對話文字[, 參數1=值, 參數2=值, …])
```

- 標題：是指對話方塊的標題列文字。
- 對話文字：是指出現在對話方塊中的文字。
- 方法：是指對話方塊提供的各種功能，常見的方法如表所示。

方法	說明	圖例
askokcancel	詢問「確定」或「取消」，使用者選擇「確定」會回傳「True」，選擇「取消」會回傳「False」。	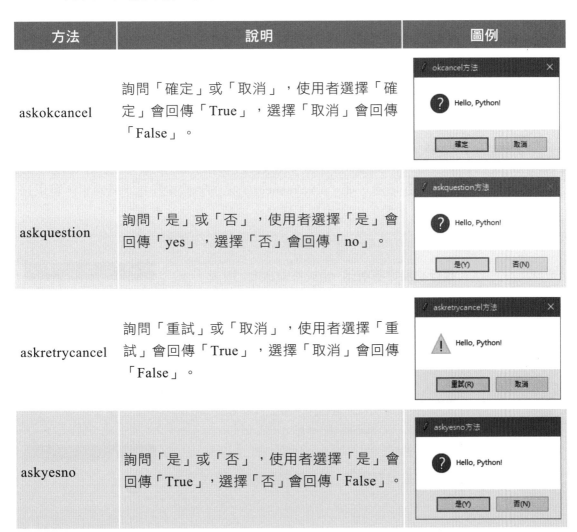
askquestion	詢問「是」或「否」，使用者選擇「是」會回傳「yes」，選擇「否」會回傳「no」。	
askretrycancel	詢問「重試」或「取消」，使用者選擇「重試」會回傳「True」，選擇「取消」會回傳「False」。	
askyesno	詢問「是」或「否」，使用者選擇「是」會回傳「True」，選擇「否」會回傳「False」。	

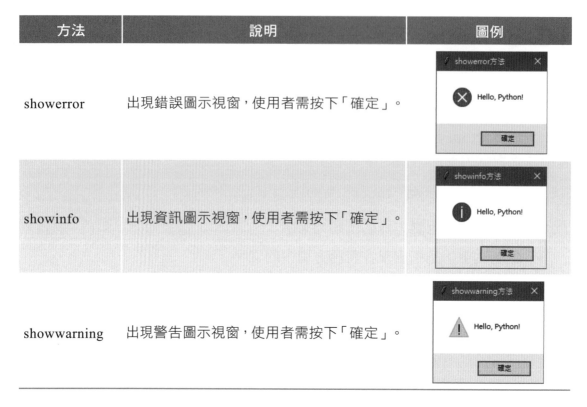

方法	說明	圖例
showerror	出現錯誤圖示視窗，使用者需按下「確定」。	
showinfo	出現資訊圖示視窗，使用者需按下「確定」。	
showwarning	出現警告圖示視窗，使用者需按下「確定」。	

- 參數：常見的對話方塊選擇性參數如表所示。

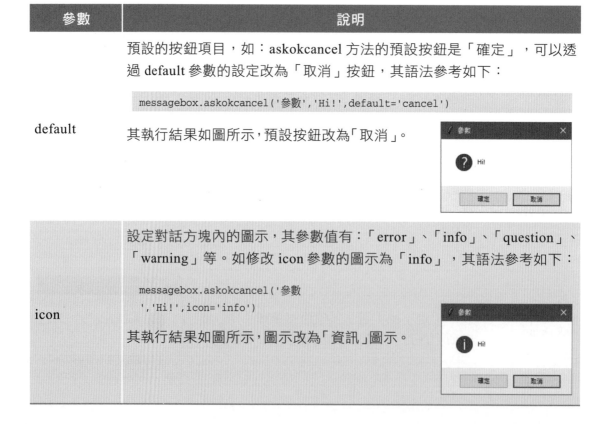

參數	說明
default	預設的按鈕項目，如：askokcancel 方法的預設按鈕是「確定」，可以透過 default 參數的設定改為「取消」按鈕，其語法參考如下： `messagebox.askokcancel('參數','Hi!',default='cancel')` 其執行結果如圖所示，預設按鈕改為「取消」。
icon	設定對話方塊內的圖示，其參數值有：「error」、「info」、「question」、「warning」等。如修改 icon 參數的圖示為「info」，其語法參考如下： `messagebox.askokcancel('參數','Hi!',icon='info')` 其執行結果如圖所示，圖示改為「資訊」圖示。

程式範例：呼叫對話方塊之年齡判斷程式

參考檔案：10-3-1-1.py　　　　　　　　　　學習重點：對話方塊的使用

一、程式設計目標

　　運用 tkinter 套件建立視窗、按鈕與對話方塊，視窗的寬度為「300」，高度為「100」，視窗的標題文字為「年齡判斷程式」，視窗上有一個按鈕，文字為「跳出對話方塊」，其內容如圖所示。

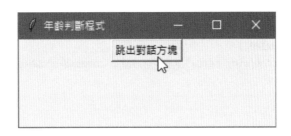

　　按下「跳出對話方塊」按鈕後，會出現「年齡問題」對話方塊，詢問使用者「你已滿 18 歲了嗎？」，如果使用者按下「是」，則程式會 show 出標題為「恭喜」，內容為「您已成年！」的對話方塊，如圖所示。

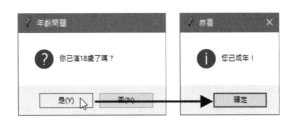

　　如果使用者按下「否」，則程式會 show 出標題為「很抱歉」，內容為「您尚未成年喔！」的對話方塊，如圖所示。

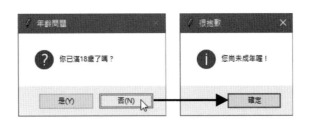

二、參考程式碼

列數	程式碼
1	# 呼叫對話方塊之年齡判斷程式
2	import tkinter
3	from tkinter import messagebox
4	def showMsg():
5	Ans = messagebox.askquestion('年齡問題', '你已滿18歲了嗎？')
6	if(Ans == 'yes'):
7	messagebox.showinfo('恭喜', '您已成年！')
8	else:
9	messagebox.showinfo('很抱歉', '您尚未成年喔！')
10	win = tkinter.Tk()
11	win.title('年齡判斷程式')
12	win.geometry('300x100')
13	btn = tkinter.Button(win, text='跳出對話方塊', command=showMsg)
14	btn.pack()
15	win.mainloop()

三、程式碼解說

- 第 3 行：匯入 tkinter 套件的 messagebox 模組。

- 第 5 行：使用 tkinter 套件的對話方塊之 askquestion 方法，讓使用者選擇其年齡是否已滿 18 歲。

- 第 6、7 行：如果使用者按下「是」，則程式會回應「yes」，進入第 7 行，show 出標題為「恭喜」，內容為「您已成年！」的對話方塊。

- 第 8、9 行：如果使用者按下「否」，則程式會回應「no」，進入第 9 行，show 出標題為「很抱歉」，內容為「您尚未成年喔！」的對話方塊。

- 第 13 行：按下按鈕時，會呼叫 showMsg( ) 自訂函式。

10-3-2 核取按鈕（Checkbutton）

所謂核取按鈕是指可以提供使用者核取選項的按鈕，使用時可以多選或者不選擇任何一項，也就是所有選項都是各自獨立的，使用者可以自由決定選取或不選取。

在 tkinter 套件建立核取按鈕的語法如下：

```
tkinter.Checkbutton(容器物件[,參數1=值, 參數2=值, …])
```

- 容器物件：是指核取按鈕置於該物件之上。
- 參數：是指對於核取按鈕的相關設定，常見的核取按鈕參數如表所示。

參數	說明
text	核取按鈕文字
width	核取按鈕寬度
height	核取按鈕高度
background	核取按鈕的背景顏色，簡稱 bg
foreground	核取按鈕的文字顏色，簡稱 fg
command	當核取按鈕的狀態改變時，呼叫 command 所指定的函式
textvariable	核取按鈕文字之變數，可用作設定或取得核取按鈕的文字內容
variable	可以取得或設定核取按鈕的狀態

程式範例：核取想要旅遊的國家程式

📄 參考檔案：10-3-2-1.py   📝 學習重點：核取按鈕的使用

一、程式設計目標

運用 tkinter 套件建立視窗、標籤、核取按鈕與按鈕，視窗的寬度為「300」，高度為「150」，視窗的標題文字為「想要旅遊國家調查」，其視窗內容如圖所示。

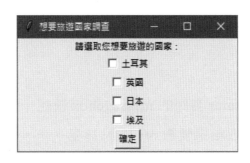

　　選取想要旅遊的國家後，按下「確定」按鈕，會出現「核取結果」對話方塊，對話方塊內容為剛剛選取的國家名稱，核取按鈕可以選擇多個選項，如圖所示。

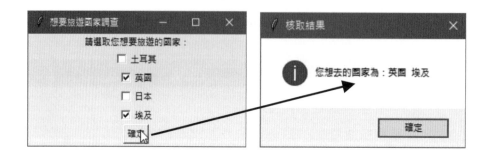

二、參考程式碼

列數	程式碼
1	# 核取想要旅遊的國家程式
2	import tkinter
3	from tkinter import messagebox
4	def showMsg():
5	result = ''
6	for i in check_v:
7	if check_v[i].get() == True:
8	result = result + country[i] + ' '
9	messagebox.showinfo('核取結果', '您想去的國家為：'+result)
10	win = tkinter.Tk()
11	win.title('想要旅遊國家調查')
12	win.geometry('300x150')
13	label = tkinter.Label(win, text='請選取您想要旅遊的國家：').pack()
14	country = {0: '土耳其', 1: '英國', 2: '日本', 3: '埃及'}
15	check_v = {}
16	for i in range(len(country)):
17	check_v[i] = tkinter.BooleanVar()
18	tkinter.Checkbutton(win, text=country[i], variable=check_v[i]).pack()
19	tkinter.Button(win, text='確定', command=showMsg).pack()
20	win.mainloop()

三、程式碼解說

- 第 3 行：匯入 tkinter 套件的 messagebox 模組。
- 第 5 行：先把核取結果變數 result 設為空字串。

- 第 6～8 行：使用 for 迴圈與 get( )方法，去檢查核取按鈕的值，其值若為「True」，則把該項目加入 result 字串。

- 第 9 行：使用 messagebox 的 showinfo 方法，顯示有核取的國家名稱。

- 第 14 行：以複合資料型別字典型態 country 變數來建立預設的旅遊國家，包括：土耳其、英國、日本與埃及。

- 第 15 行：建立一個空字典 check_v 來存放核取按鈕的狀態。

- 第 16～18 行：使用 for 迴圈建立 4 個核取按鈕，核取按鈕的文字為 country 字典的內容，值為布林型態。

10-3-3 選項按鈕（Radiobutton）

選項按鈕是另一種可以讓使用者點選的物件，與核取按鈕不同的是，選項按鈕只能讓使用者由多個選項中，選取其中一個選項。例如在一般情況下，生理性別不是男就是女，我們只能選擇一種性別，這種情況就不適合使用核取按鈕，但很符合選項按鈕的使用方式。

在 tkinter 套件建立選項按鈕的語法如下：

```
tkinter.Radiobutton(容器物件[,參數1=值, 參數2=值, …])
```

- 容器物件：是指選項按鈕置於該物件之上。
- 參數：是指對於選項按鈕的相關設定，常見的選項按鈕參數如表所示。

參數	說明
text	選項按鈕文字
width	選項按鈕寬度
height	選項按鈕高度
background	選項按鈕的背景顏色，簡稱 bg
foreground	選項按鈕的文字顏色，簡稱 fg
value	選項按鈕的值
command	當選項按鈕的狀態改變時，呼叫 command 所指定的函式
textvariable	選項按鈕文字之變數，可用作設定或取得選項按鈕的文字內容
variable	可以取得或設定選項按鈕的狀態

參數	說明
image	用圖片來當作選項按鈕的內容

程式範例：最想要旅遊的國家調查程式

📋 參考檔案：10-3-3-1.py　　　　　　　📝 學習重點：選項按鈕的使用

一、程式設計目標

運用 tkinter 套件建立視窗、標籤、選項按鈕與按鈕，視窗的寬度為「300」，高度為「150」，視窗的標題文字為「最想要旅遊國家調查」，文字描述加上「最」，表示只能選擇一個選項，其視窗內容如圖所示。

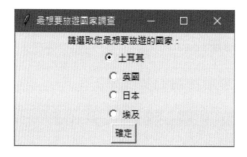

選取最想要旅遊的國家後，按下「確定」按鈕，會出現「選取結果」對話方塊，對話方塊內容為剛剛選取的國家名稱，選項按鈕只能選擇一個選項，如圖所示。

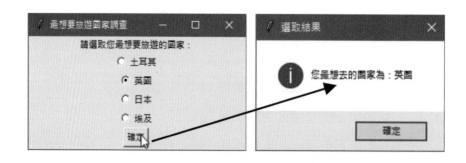

二、參考程式碼

列數	程式碼
1	# 最想要旅遊的國家調查程式
2	import tkinter
3	from tkinter import messagebox
4	def showMsg():
5	i = radio_v.get()
6	messagebox.showinfo('選取結果', '您最想去的國家為：'+country[i])
7	win = tkinter.Tk()
8	win.title('最想要旅遊國家調查')
9	win.geometry('300x150')
10	label = tkinter.Label(win, text='請選取您最想要旅遊的國家：').pack()
11	country = {0: '土耳其', 1: '英國', 2: '日本', 3: '埃及'}
12	radio_v = tkinter.IntVar()
13	radio_v.set(0)
14	for i in range(len(country)):
15	tkinter.Radiobutton(win, text=country[i], variable=radio_v, value=i).pack()
16	tkinter.Button(win, text="確定", command=showMsg).pack()
17	win.mainloop()

三、程式碼解說

- 第 4~6 行：自訂函式 showMsg，使用 get( )方法取得目前被選取的選項按鈕。

- 第 11 行：以複合資料型別字典型態 country 變數來建立預設的旅遊國家，包括：土耳其、英國、日本與埃及。

- 第 12 行：建立一個 IntVar()物件來存放被選取的選項按鈕。

- 第 13 行：使用 set( )方法將目前被選取的選項按鈕設為 0，也就是第一個項目為預設值。

- 第 14～15 行：使用 for 迴圈建立 4 個選項按鈕，選項按鈕的文字為 country 字典的內容，值為整數型態，依序為：0、1、2、3。

10-3-4 圖形（Photoimage）

在 tkinter 套件的圖形（Photoimage）元件的功能很單純，就是用來顯示圖片，其圖形元件適用的圖檔格式為：gif、ppm 和 pgm 類型，在 tkinter 套件建立圖形元件的語法如下：

```
tkinter.Photoimage(file = '圖檔路徑與檔名')
```

程式範例：旅遊景點圖片調查程式

📑 參考檔案：10-3-4-1.py　　　　　　　　📝 學習重點：圖形元件的使用

一、程式設計目標

　　運用 tkinter 套件建立視窗、標籤、圖形、選項
按鈕與按鈕，視窗的寬度為「300」，高度為「550」，
視窗的標題文字為「旅遊景點調查」，文字描述加
上「比較」，表示只能選擇一個選項，其視窗內容
如圖所示。

　　選取比較喜歡的鐵塔後，按下「確定」按鈕，會出現「選取結果」對話方
塊，對話方塊內容為剛剛選取的鐵塔名稱，一個回覆是東京鐵塔，另一個回覆
是巴黎鐵塔，如圖所示。

二、參考程式碼

列數	程式碼
1	# 旅遊景點圖片調查程式
2	import tkinter
3	from tkinter import messagebox

```
4    def showMsg():
5        i = radio_v.get()
6        if i == 0:
7            messagebox.showinfo("選取結果", "東京鐵塔")
8        else:
9            messagebox.showinfo("選取結果", "巴黎鐵塔")
10   win = tkinter.Tk()
11   win.title('旅遊景點調查')
12   win.geometry('300x550')
13   label = tkinter.Label(win, text='請選取您比較喜歡的鐵塔：').pack()
14   image1 = tkinter.PhotoImage(file='Tokyo.gif')
15   image2 = tkinter.PhotoImage(file='Paris.gif')
16   radio_v = tkinter.IntVar()
17   radio_v.set(0)
18   tkinter.Radiobutton(win, image=image1, variable=radio_v, value=0).pack()
19   tkinter.Radiobutton(win, image=image2, variable=radio_v, value=1).pack()
20   tkinter.Button(win, text="確定", command=showMsg).pack()
21   win.mainloop()
```

三、程式碼解說

- 第 14 行：使用 tkinter 套件的 PhotoImage 方法讀取「Tokyo.gif」圖檔，並指定給 image1 圖形元件。

- 第 15 行：使用 tkinter 套件的 PhotoImage 方法讀取「Paris.gif」圖檔，並指定給 image2 圖形元件。

- 第 18 行：將第一個選項按鈕的 image 參數指定為「image1」元件。

- 第 19 行：將第二個選項按鈕的 image 參數指定為「image2」元件。

📎 TIPs JPG 圖檔的顯示

tkinter 套件的圖形（Photoimage）元件只能適用於 gif、ppm 和 pgm 等圖檔類型，對於經常運用的圖片 jpg 檔格式，並沒有支援，因此，我們使用 PIL 套件搭配 ImageTk 與 Image 模組來進行 JPG 圖檔的顯示，請參考顯示 JPG 圖檔的程式碼如下：

📄 參考檔案：10-3-4-2.py

```
#JPG 圖檔的顯示
import tkinter as tk
from PIL import ImageTk, Image  #匯入 PIL 套件的 ImageTk 和 Image 模組
win = tk.Tk()
```

```
win.title("WeDesign 唯設計")
win.geometry("500x300")
win.configure(background='grey')
path = "wedesign.jpg"  #欲開啟的 JPG 圖檔路徑與檔名
img = ImageTk.PhotoImage(Image.open(path))  #使用 PhotoImage 方法打開圖檔
panel = tk.Label(win, image=img)  #以標籤的方式顯示圖檔
panel.pack()
win.mainloop()
```

其執行結果如下：

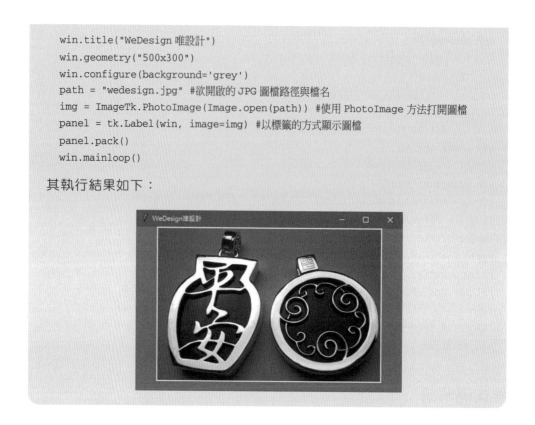

10-3-5 功能表（Menu）

功能表（Menu）在視窗介面的應用程式中經常出現，它為軟體提供一個清楚的操作介面，不論是在程式功能的了解或使用方面。程式開發者善用功能表來設計軟體介面，將有利於使用者使用程式，如圖為記事本中所使用的功能表畫面。

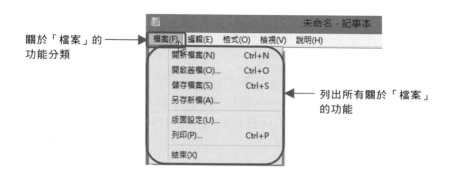

在 tkinter 套件建立功能表的語法如下：

```
tkinter.Menu(容器物件[, 參數1=值, 參數2=值, …])
```

- 容器物件：是指功能表置於該物件之上。
- 參數：是指對於功能表的相關設定，常見的功能表參數如表所示。

參數	說明
background	功能表的背景顏色，簡稱 bg。
foreground	功能表的文字顏色，簡稱 fg。
tearoff	第一個選項上方的分隔線是否顯示，預設值為顯示，其執行畫面如右圖所示。 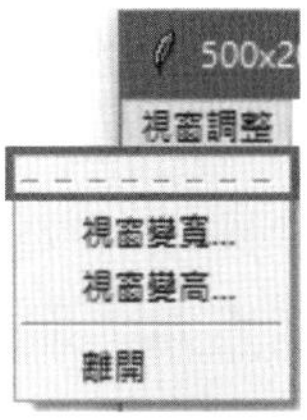 如想要不顯示該分隔線，設定「tearoff=0」，其執行畫面如右圖所示。 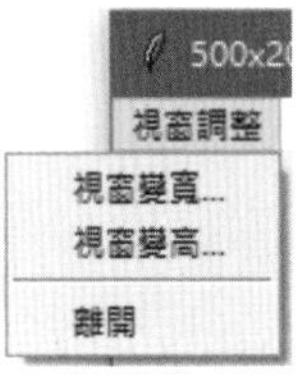

另外，功能表提供了相關的方法來設計選單，常用的方法如表所示。

參數	說明

add_cascade(參數)	在功能表內加入子功能表，常用參數為 label 與 menu，label 是用來顯示在子功能表內的文字，menu 是用來指定產生關聯的功能表元件名稱，使用範例如下：
	
	`filemenu = tkinter.Menu(menu) #功能表元件`
	`menu.add_cascade(label="視窗調整", menu=filemenu)`

add_command(參數)	在子功能表內加入項目，常用參數為 label 與 command，label 是用來顯示在子功能表內項目的文字，command 是用來指定要呼叫的函式，使用範例如下： `filemenu.add_command(label="變寬", command=width)`
add_separator(參數)	在子功能表內加入分隔線，使用範例如下： `filemenu.add_separator() #子功能表內分隔線` 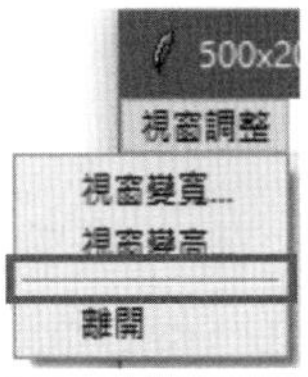

程式範例：使用功能表修改視窗的長寬像素程式

📝 參考檔案：10-3-5-1.py　　　　　　　📝 學習重點：功能表元件的使用

一、程式設計目標

運用 tkinter 套件建立視窗與功能表，視窗的寬度為「500」，高度為「200」，視窗的標題文字為「500x200」，子功能表為「視窗調整」與「回復500x200 視窗」，其視窗內容如圖所示。

「視窗調整」子功能表有下拉式選單，包含「視窗變寬」項目功能可讓視窗變成「800x200」，如圖所示。另外，「視窗變高」項目功能可讓視窗變成「500x500」。

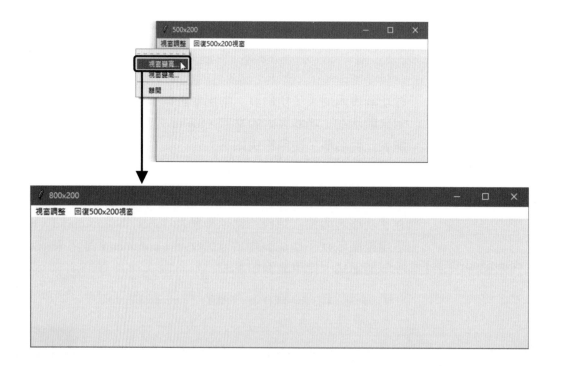

在「視窗變寬」與「視窗變高」項目之後，加入分隔線，最後的一個功能表項目功能是「離開」。

二、參考程式碼

列數	程式碼
1	# *使用功能表修改視窗的長寬像素*
2	import tkinter
3	def width():
4	win.title('800x200')
5	win.geometry('800x200')
6	def height():
7	win.title('500x500')
8	win.geometry('500x500')
9	def back():
10	win.title('500x200')
11	win.geometry('500x200')
12	win = tkinter.Tk()
13	win.geometry('500x200')
14	win.title('500x200')
15	menu = tkinter.Menu(win)
16	win["menu"] = menu
17	filemenu = tkinter.Menu(menu) # *建立子功能表*
18	menu.add_cascade(label="*視窗調整*", menu=filemenu)
19	filemenu.add_command(label="*視窗變寬...*", command=width)
20	filemenu.add_command(label="*視窗變高...*", command=height)
21	filemenu.add_separator() # *子功能表內分隔線*
22	filemenu.add_command(label="*離開*", command=win.destroy)
23	originalmenu = tkinter.Menu(menu, tearoff=0) # *建立取消預設線的子功能表*
24	menu.add_cascade(label="*回復500x200 視窗*", menu=originalmenu)
25	originalmenu.add_command(label="*回到500x200 視窗*", command=back)
26	win.mainloop()

三、程式碼解說

- 第 3～11 行：定義 3 個調整視窗長寬度與名稱的函式，包括：width( )、height ( )與 back( )。

- 第 15、16 行：在 win 視窗上建立功能表，然後透過視窗的參數 menu 來設定。

- 第 17 行：建立子功能表。

- 第 18 行：使用 add_cascade( )方法加入子功能表「視窗調整」。

- 第 19 行：使用 add_command( )方法在子功能表「視窗調整」內加入「視窗變寬...」項目，並且呼叫自訂函式 width( )。

- 第 20 行：使用 add_command( )方法在子功能表「視窗調整」內加入「視窗變高...」項目，並且呼叫自訂函式 height ( )。

- 第 21 行：使用 add_separator 方法在子功能表「視窗調整」內加入「分隔線」。

- 第 22 行：使用 add_command( )方法在子功能表「視窗調整」內加入「離開」項目，並且呼叫視窗的方法 destroy( )來關閉視窗。

- 第 23 行：搭配設定 tearoff 參數為「0」，建立取消預設線的子功能表。

- 第 24 行：使用 add_cascade( )方法，加入子功能表「回復 500x200 視窗」。

- 第 25 行：使用 add_command( )方法在子功能表「回復 500x200 視窗」內加入「回到 500x200 視窗」項目，並且呼叫自訂函式 back( )。

習題

選擇題

( ) 1. 下列哪一個元件主要是用來顯示資訊的？

    (a) button   (b) menu

    (c) text   (d) label

( ) 2. 下列哪一個方法是讓程式持續運作直到關閉視窗為止？

    (a) askretrycancel()   (b) mainloop()

    (c) add_command()   (d) add_cascade()

( ) 3. 按鈕元件的哪一個參數是用來呼叫函式的？

    (a) pady   (b) command

    (c) textvariable   (d) justify

( ) 4. 下列何者為對話方塊顯示警告訊息對話方塊的方法？

    (a) askyesno   (b) showerror

    (c) showinfo   (d) showwarning

(　) 5. 下列何者為 tkinter 套件的 Photoimage 元件不支援的圖檔副檔名？

(a) jpg　　　　(b) gif　　　　(c) ppm　　　　(d) pgm

(　) 6. 下列何者為 tkinter 套件中設定視窗標題的函式？

(a) main( )　　　　　　　(b) title( )

(c) topic( )　　　　　　　(d) geometry( )

(　) 7. 下列何者不是文字方塊對齊方式的參數值？

(a) Left　　　　　　　　(b) Right

(c) Top　　　　　　　　(d) Center

(　) 8. 如要改變對話方塊顯示的圖示，需要設定哪一個參數？

(a) pic　　　　　　　　(b) picture

(c) icon　　　　　　　　(d) message

(　) 9. 如要改變捲軸的背景顏色，需要設定哪一個參數？

(a) color　　　　　　　　(b) background

(c) borderwidth　　　　　(d) bgcolor

(　) 10. 以表格排列 grid( )函式配置元件，圖中的按鈕位置之索引值為何？

		按鈕	

(a) (0,2)　　　　　　　　(b) (1,1)

(c) (1,2)　　　　　　　　(d) (2,3)

圖表繪製

matplotlib 套件提供 Python 進行繪圖的功能，提供使用者將數據圖形化的方法，matplotlib 套件的功能強大，在繪製科學圖形上有良好的展現，本章將介紹圖表繪製的相關作法。

11-1 Matplotlib 套件官方網站

matplotlib 套件的官方網站網址為：https://matplotlib.org/stable/index.html，網站說明指出 matplotlib 套件是一個可與 Python 搭配的視覺化繪圖套件，可以繪製多種類型的圖形。

官方網站提供各種類型的圖表範例，每種範例皆有提供程式碼，提供眾多 matplotlib 套件使用者來參考。

要使用 Matplotlib 繪圖必須先匯入 matplotlib 套件，由於其大部分的繪圖功能在 pyplot 模組中，所以其匯入的語法如下：

```
import matplotlib.pyplot
```

由於字串較長，我們往往會加上別名「plt」，以利後續的輸入，本章的所有程式範例皆以「plt」為別名，使用 plt 為別名也是通用慣例，加上別名的語法如下：

```
import matplotlib.pyplot as plt
```

11-2 繪製線條

在 matplotlib.pyplot 模組的線條繪圖方法為使用 plot( )函式，其繪製線條的語法如下：

```
plt.plot(x 座標串列, y 座標串列[, 參數 1，參數 2，參數 3，…])
```

plot( )函式會依據 x 座標串列與 y 座標串列的數值來繪製線條，並且可以搭配相關參數來進行，常見的繪製線條參數如表所示。

參數	說明
color	線條的顏色，預設值為藍色。
linewidth	線條的寬度，簡稱 lw
linestyle	線條的樣式，預設值為實線「-」，其他設定值有虛線「--」、虛點線「-.」及點線「:」，簡稱 ls
label	設定圖表的顯示名稱，此參數需搭配 legend( )函式才能產生作用

完成 plot( )函式的設計之後，需要呼叫 show( )函式來顯示線條，其語法：

```
plt.show()
```

程式範例：繪製線條程式

📑 參考檔案：11-2-1.py　　　　　　　　✏️ 學習重點：plot( )函式的使用

一、程式設計目標

　　運用 matplotlib 套件繪製一段線條，x 的座標串列為[1,2]，y 的座標串列為[10,20]，顏色設為「紅」色，線條寬度設為「5」，線條樣式設為「虛點線」，並且將圖表名稱設為「2-D line plot」，其結果如圖所示。

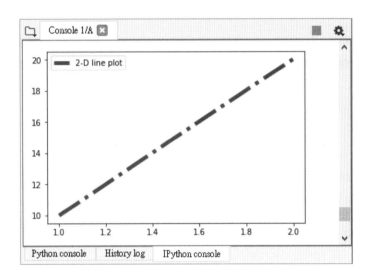

二、參考程式碼

列數	程式碼
1	# 繪製線條程式
2	import matplotlib.pyplot as plt
3	list_x = [1, 2]
4	list_y = [10, 20]
5	plt.plot(list_x, list_y, color='red', ls='-.', lw=5, label='2-D line plot')
6	plt.legend()
7	plt.show()

三、程式碼解說

- 第 2 行：匯入 matplotlib.pyplot 模組，並以「plt」為別名。
- 第 3 行：x 的座標串列設為[1,2]，串列名稱為「list_x」。

- 第 4 行：y 的座標串列設為[10,20]，串列名稱為「list_y」。
- 第 5 行：呼叫 plot( )函式繪製線條，並且設定相關參數。
- 第 6 行：呼叫 legend( )函式來顯示參數「label」的設定內容。
- 第 7 行：呼叫 show( )函式來顯示線條。

TIPs Spyder 未出現繪製的圖形

如果 Spyder 未出現繪製的圖形，我們可以打開「plots」視窗，路徑在功能表列的【View/Panes/Plots】選項，將該選項打勾，就會出現「plots」視窗了。

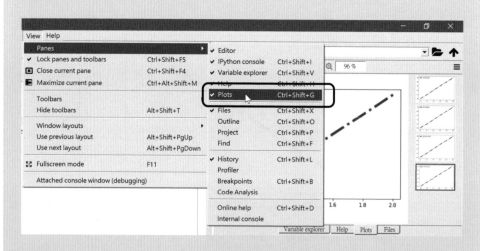

如果想在 IPython console 看到繪製結果，需要將「plots」視窗的「Mute inline plotting」設為「非勾選」狀態。

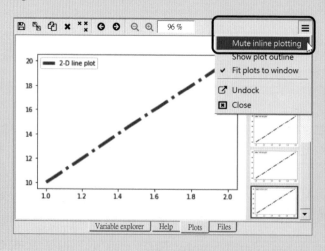

　　線條繪製可以一次繪製多個線段，並且可以設定 x 座標與 y 座標的範圍，設定 x 座標範圍的語法如下：

```
plt.xlim(起始值, 終止值)
```

　　設定 y 座標範圍的語法如下：

```
plt.ylim(起始值, 終止值)
```

　　為了利於閱讀，可以設定圖表、x 座標與 y 座標的標題，其設定語法如下：

```
plt.title(圖表標題)
plt.xlabel(x 座標軸標題)
plt.ylabel(y 座標軸標題)
```

程式範例：繪製多線條與設定座標範圍程式

📋 參考檔案：11-2-2.py　　　　　　　　✏️ 學習重點：顯示範圍的設定

一、程式設計目標

　　運用 matplotlib 套件繪製 2 段線條，第 1 條線為男性的初婚平均年齡統計，x 的座標串列為年度[2006,2011,2014,2015,2016]，y 的座標串列為初婚平均年齡[30.7,31.8,32.1,32.2,32.4]；第 2 條線為女性的初婚平均年齡統計，x 的座標串列為年度[2006,2011,2014,2015,2016]，y 的座標串列為初婚平均年齡[27.8,29.4,29.9,30.0,30.0]，女性的線條以虛線與紅色來繪製。

　　為了便於閱讀，請將 x 座標範圍設為「2006~2016」，將 y 座標範圍設為「27~33」，並設定圖表標題為「Age of first marriage」，x 座標軸標題「Year」，y 座標軸標題「Age」，其執行結果如圖所示。

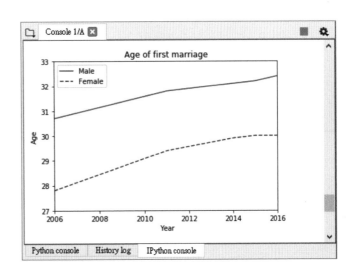

二、參考程式碼

列數	程式碼
1	# 繪製多線條與設定座標範圍程式
2	import matplotlib.pyplot as plt
3	list_x1 = [2006, 2011, 2014, 2015, 2016]
4	list_y1 = [30.7, 31.8, 32.1, 32.2, 32.4]
5	plt.plot(list_x1, list_y1, label="Male") # 繪製男性線條
6	list_x2 = [2006, 2011, 2014, 2015, 2016]
7	list_y2 = [27.8, 29.4, 29.9, 30.0, 30.0]
8	plt.plot(list_x2, list_y2, color="red", ls="--", label="Female") # 繪製女性線條
9	plt.legend()
10	plt.xlim(2006, 2016) # x 座標範圍為 2006~2016
11	plt.ylim(27, 33) # y 座標範圍為 27~33
12	plt.title("Age of first marriage")
13	plt.xlabel("Year")
14	plt.ylabel("Age")
15	plt.show()

三、程式碼解說

- 第 2 行：匯入 matplotlib.pyplot 模組，並以「plt」為別名。

- 第 3～5 行：x 的座標串列設為[2006,2011,2014,2015,2016]，串列名稱為「list_x1」；y 的座標串列設為[30.7,31.8,32.1,32.2,32.4]，串列名稱為「list_y1」，並且繪製線條名稱為「Male」的線條。

- 第 6～8 行：x 的座標串列設為[2006,2011,2014,2015,2016]，串列名稱為「list_x2」；y 的座標串列設為[27.8,29.4,29.9,30.0,30.0]，串列名稱為「list_y2」，並且繪製線條名稱為「Female」的虛線紅色線條。

- 第 9 行：呼叫 legend( )函式來顯示參數「label」的設定內容。

- 第 10、11 行：設定 x 座標範圍為「2006~2016」，y 座標範圍為「27~33」。

- 第 12～14 行：設定圖表標題為「Age of first marriage」，x 座標軸標題「Year」，y 座標軸標題「Age」。

11-3　繪製柱狀圖

　　matplotlib.pyplot 模組可以繪製線條，也可以使用 bar( ) 函式繪製柱狀圖，其繪製柱狀圖的語法如下：

```
plt.bar(x座標串列, y座標串列[, 參數1, 參數2, 參數3, …])
```

　　bar( ) 函式會依據 x 座標串列與 y 座標串列的數值來繪製柱狀圖，並且可以搭配相關參數來進行，常見的繪製柱狀圖參數如表所示。

參數	說明
color	柱狀圖的顏色，預設值為藍色。
label	設定柱狀圖的顯示名稱，此參數需搭配 legend( ) 函式才能產生作用

程式範例：繪製柱狀圖程式

📋 參考檔案：11-3-1.py　　　　　　　　　　✍ 學習重點：顯示範圍的設定

一、程式設計目標

　　運用 matplotlib 套件繪製 2 段柱狀圖，相關數據資料與「11-2-2.py」範例相同，其執行結果如圖所示。

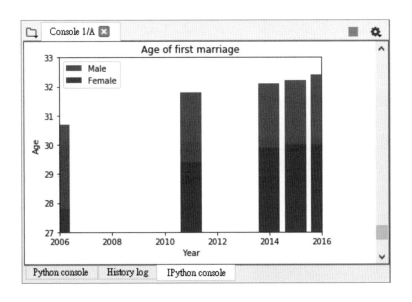

二、參考程式碼

列數	程式碼
1	*# 繪製多線條與設定座標範圍程式*
2	*import matplotlib.pyplot as plt*
3	*list_x1 = [2006, 2011, 2014, 2015, 2016]*
4	*list_y1 = [30.7, 31.8, 32.1, 32.2, 32.4]*
5	*plt.bar(list_x1, list_y1, label="Male") # 繪製男性柱狀圖*
6	*list_x2 = [2006, 2011, 2014, 2015, 2016]*
7	*list_y2 = [27.8, 29.4, 29.9, 30.0, 30.0]*
8	*plt.bar(list_x2, list_y2, color="red", label="Female") # 繪製女性柱狀圖*
9	*plt.legend()*
10	*plt.xlim(2006, 2016) # x 座標範圍為 2006~2016*
11	*plt.ylim(27, 33) # y 座標範圍為 27~33*
12	*plt.title("Age of first marriage")*
13	*plt.xlabel("Year")*
14	*plt.ylabel("Age")*
15	*plt.show()*

三、程式碼解說

- 第 5 行：使用 bar( )函式繪製男性第一次結婚年齡之柱狀圖。
- 第 8 行：使用 bar( )函式繪製女性第一次結婚年齡之柱狀圖，並且將柱狀圖顏色改為紅色。

11-4 繪製圓餅圖

　　matplotlib.pyplot 模組可以使用 pie( )函式繪製圓餅圖，其繪製圓餅圖的語法如下：

```
plt.pie(比例串列[, 參數1, 參數2, 參數3, …])
```

　　pie( )函式會依據資料串列的數值來繪製圓餅圖，並且可以搭配相關參數來進行，常見的繪製圓餅圖參數如表所示。

參數	說明
colors	設定圓餅圖每一個項目的顏色
labels	圓餅圖每一個項目之顯示名稱，此參數需搭配 legend( )函式才能產生作用
explode	項目凸出的比例，預設值為 0 代表不凸出，0.1 代表凸出 10%，下圖為 4 個圓餅圖凸出預設值為「0」的狀態： 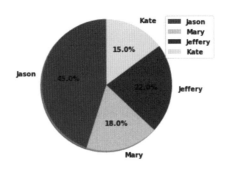 將「Jason」項目的 explode 參數設為「0.1」之凸出狀況如圖： 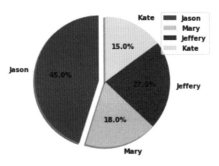
shadow	項目的陰影效果，預設值為沒有陰影，其設定值為 False，如圖為沒有陰影的狀態： 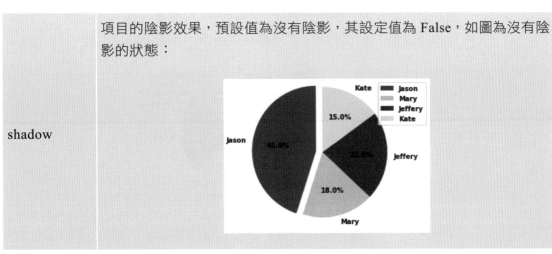

參數	說明
	將 shadow 參數設為 True，圖形會出現陰影效果： 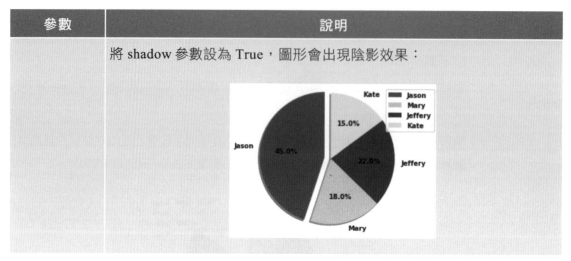
labeldistance	項目標題距離圓心的距離，數值 1.2 代表項目標題距離圓心為半徑的 1.2 倍，數值越大離圓心越遠，如圖為 labeldistance 參數設為 1.5 的狀態： 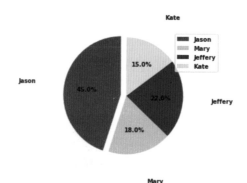
pctdistance	項目百分比文字距離圓心的距離，數值 0.6 代表項目百分比文字距離圓心為半徑的 0.6 倍，數值越大離圓心越遠
autopct	圓餅圖各項目的比例顯示格式，其格式為「%整數位數.小數位數 f%%」，例如：設定「%3.2f%%」的圖形如下所示，小數點為 2 位數： 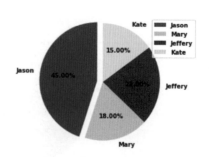

參數	說明
startangle	設置圓餅圖以逆時鐘方向繪製的起點角度，預設值為 0 度，如圖為使用預設值 0 度開始繪製的圓餅圖： 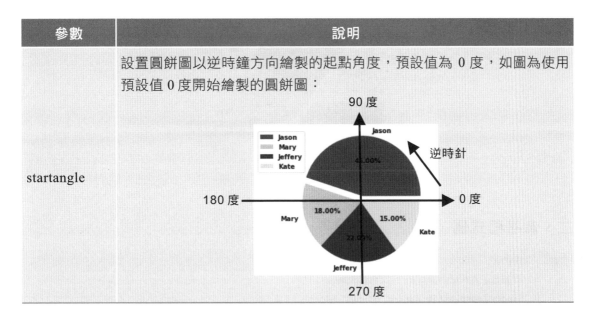

以 matplotlib.pyplot 模組在繪製圓餅圖時，預設是採用橢圓形的方式繪製，其呈現狀態如圖所示。

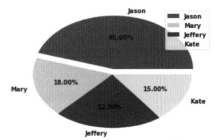

如果要以正圓形來繪製圓餅圖，需要加入下列語法指令：

```
plt.axis("equal")
```

程式範例：繪製正圓形圓餅圖程式

📋 參考檔案：11-4-1.py　　　　　　　　　　✏️ 學習重點：圓餅圖的應用

一、程式設計目標

在一場選舉中，有 4 位候選人，其姓名分別為「"Jason", "Mary", "Jeffery", "Kate"」，獲得的票數分別為「35.35%, 23%, 26.65%, 15%」，請繪製一個圓餅圖來呈現選舉結果，選用的底色分別為「"red", "lightblue", "purple", "yellow"」。另外，請對最高票與最低票設置凸出比例為「0.1」，比例數字的格式為 3 個整數 2 個小數，項目標題距離圓心的距離為「1.1」，項目百分比文字距離圓心的距離為「0.6」，圓餅圖繪製的起點角度為「180」，其執行結果如圖所示。

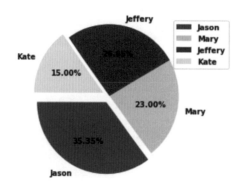

二、參考程式碼

列數	程式碼
1	# 繪製正圓形圓餅圖程式
2	import matplotlib.pyplot as plt
3	my_sizes = [35.35, 23, 26.65, 15] # 圓餅項目佔比
4	my_labels = ["Jason", "Mary", "Jeffery", "Kate"] # 圓餅項目標籤
5	my_colors = ["red", "lightblue", "purple", "yellow"] # 圓餅項目指定配色
6	my_explode = (0.1, 0, 0, 0.1) # 圓餅項目凸出比例
7	plt.pie(my_sizes, labels=my_labels, colors=my_colors, explode=my_explode,
8	labeldistance=1.1, autopct="%3.2f%%", pctdistance=0.6, startangle=180)
9	plt.axis("equal") # 繪製正圓形
10	plt.legend()
11	plt.show()

三、程式碼解說

- 第 3 行：設定圓餅各項目所佔比例。
- 第 4 行：設定圓餅各項目的標籤內容。
- 第 5 行：設定圓餅各項目的配色。
- 第 6 行：設定圓餅各項目的凸出比例，將最高票與最低票設為「0.1」，其餘項目設為「0」。
- 第 7、8 行：依據參數繪製圓餅圖。
- 第 9 行：將圓餅圖以正圓形的方式呈現。

11-5 搭配 NumPy 套件繪製圖形

NumPy 套件是 Python 語言用來支援矩陣運算的套件，功能相當強大，要使用 NumPy 套件必須先匯入，其匯入的語法如下：

```
import numpy
```

由於字串較長，我們往往會加上別名「np」，以利後續的輸入，本章的所有程式範例皆以「np」為別名，使用 np 別名也是通用慣例，加上別名的語法如下：

```
import numpy as np
```

11-5-1 建立矩陣

使用 NumPy 套件的 array( )函式，產生矩陣的語法如下：

```
np.array(陣列)
```

或是使用 arange( )函式以類似 range( )函式的作法產生矩陣，其語法如下：

```
np.arange(起始值, 終止值, 間隔值)
```

例如：np.arange(0, 3, 1)會得到矩陣[0, 1, 2]的結果。

程式範例：使用 NumPy 套件產生矩陣的方法

📄 參考檔案：11-5-1-1.py   📝 學習重點：array( )與 arange( )函式的使用

一、程式設計目標

請分別運用 NumPy 套件的 array( )與 arange( )函式，印出 2 個[0 1 2 3 4]的矩陣，其結果如圖所示。

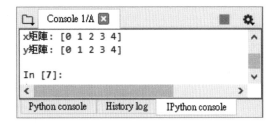

二、參考程式碼

列數	程式碼
1	# 使用 NumPy 套件產生矩陣的方法
2	import numpy as np
3	x = np.array([0, 1, 2, 3, 4])
4	print('x 矩陣:', x)
5	y = np.arange(0, 5, 1) # 類似 range 函式,會回傳矩陣
6	print('y 矩陣:', y)

三、程式碼解說

- 第 2 行:匯入 numpy 套件,並以「np」為別名。

- 第 3、4 行:呼叫 array( )函式,放入陣列[0, 1, 2, 3, 4]並印出其內容。

- 第 5、6 行:呼叫 arange( )函式,起始值為「0」,終止值為「5」,並印出其內容。

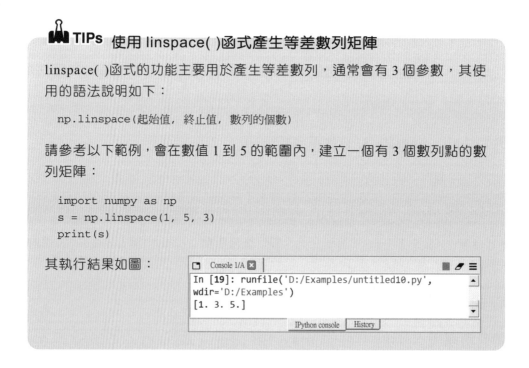

TIPs 使用 linspace( )函式產生等差數列矩陣

linspace( )函式的功能主要用於產生等差數列,通常會有 3 個參數,其使用的語法說明如下:

np.linspace(起始值, 終止值, 數列的個數)

請參考以下範例,會在數值 1 到 5 的範圍內,建立一個有 3 個數列點的數列矩陣:

```
import numpy as np
s = np.linspace(1, 5, 3)
print(s)
```

其執行結果如圖:

```
Console 1/A ☒
In [19]: runfile('D:/Examples/untitled10.py',
wdir='D:/Examples')
[1. 3. 5.]
                        IPython console    History
```

11-5-2 矩陣運算

　　NumPy 套件提供了多種矩陣運算,包含矩陣加法、減法、乘法與除法,使用時只需直接將矩陣進行四則運算即可,運算對象可以是常數或矩陣,請參考以下程式範例。

程式範例：矩陣的運算

📑 參考檔案：11-5-2-1.py　　　　　　　✍️ 學習重點：矩陣運算的練習

一、程式設計目標

　　請建立矩陣 a 為[1 2 4 6]，再以 linspace( )函式建立矩陣 b 為[1. 2. 3. 4.]，如圖進行相關的加、減、乘、除等運算，其結果如右圖所示。

```
Console 1/A
矩陣a: [1 2 4 6]
矩陣b: [ 1.  2.  3.  4.]
矩陣a加2: [3 4 6 8]
矩陣a加矩陣b: [  2.   4.   7.  10.]
矩陣a減2: [-1  0  2  4]
矩陣a減矩陣b: [ 0.  0.  1.  2.]
矩陣a乘以2: [ 2  4  8 12]
矩陣a乘以矩陣b: [  1.   4.  12.  24.]
矩陣a除以2: [ 0.5 1.   2.   3. ]
矩陣a除以矩陣b: [ 1.          1.          1.33333333 1.5       ]
Python console    History log    IPython console
```

二、參考程式碼

列數	程式碼
1	# 矩陣的運算
2	import numpy as np
3	a = np.array([1, 2, 4, 6])
4	b = np.linspace(1, 4, 4) # 建立一個矩陣,在 1 到 4 的範圍之間分 4 個數列點
5	print('矩陣a：', a)
6	print('矩陣b：', b)
7	print('矩陣a 加2：', a+2)
8	print('矩陣a 加矩陣b：', a+b)
9	print('矩陣a 減2：', a-2)
10	print('矩陣a 減矩陣b：', a-b)
11	print('矩陣a 乘以2：', a*2)
12	print('矩陣a 乘以矩陣b：', a*b)
13	print('矩陣a 除以2：', a/2)
14	print('矩陣a 除以矩陣b：', a/b)

三、程式碼解說

- 第 2 行：匯入 numpy 套件，並以「np」為別名。
- 第 3 行：呼叫 array( )函式，放入陣列[1, 2, 4, 6]。
- 第 4 行：呼叫 linspace( )函式，將起始點設為「1」，終止點設為「4」，將數列分成有 4 個數列點的數列矩陣。
- 第 7、8 行：矩陣加法運算，矩陣 a 分別加常數「2」與矩陣 b。
- 第 9、10 行：矩陣減法運算，矩陣 a 分別減常數「2」與矩陣 b。

- 第 11、12 行：矩陣乘法運算，矩陣 a 分別乘以常數「2」與矩陣 b。
- 第 13、14 行：矩陣除法運算，矩陣 a 分別除以常數「2」與矩陣 b。

11-5-3　繪製曲線線條

我們可以搭配 NumPy 套件與 Matplotlib 套件來繪製線條，讓線條產生更多的變化，請參考以下程式範例。

程式範例：繪製 y=x＾2 線條

| 參考檔案：11-5-3-1.py | 學習重點：NumPy 與 Matplotlib 套件的使用 |

一、程式設計目標

請運用 NumPy 套件與 Matplotlib 套件來繪製「y=x^2」線條，繪製時 x 軸的變化為間隔 2，其繪圖結果如圖所示。

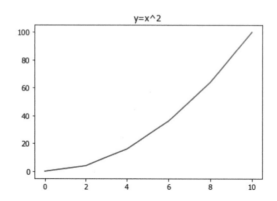

二、參考程式碼

列數	程式碼
1	# 繪製 y=x^2 線條
2	import numpy as np
3	import matplotlib.pyplot as plt
4	x = np.arange(0, 11, 2) # x 軸由 0 到 10，間隔為 2
5	y = x * x # y 軸為 x 軸的平方
6	plt.plot(x, y)
7	plt.title("y=x^2")
8	plt.show()

三、程式碼解說

- 第 2 行：匯入 numpy 套件，並以「np」為別名。
- 第 3 行：匯入 matplotlib.pyplot 模組，並以「plt」為別名。
- 第 4 行：呼叫 numpy 套件的 arange( )函式，以間隔「2」來產生矩陣，當作 x 軸的變化。
- 第 5 行：y 軸的變化為 x 軸的平方，此處也可以使用 square( )函式來產生平方值，參考程式碼為「y = np.square(x)」，或是 power( )函式來產生平方值，參考程式碼為「y = np.power(x, 2)」，第 2 個參數為次方值，如要計算「y=x^3」，其參考程式碼為「y = np.power(x, 3)」。
- 第 6 行：呼叫 plot( )函式繪製線條。

> **▲▲▲ TIPs 縮小 x 軸間隔以逼近曲線**
>
> 觀察程式範例「11-5-3.1.py」的輸出結果，發現是以 5 個線段的繪製來呈現「y=x^2」圖形，為了讓圖形更逼近曲線，我們可以修改 x 軸的間隔值，將間隔值縮小為「0.1」以逼近曲線，此時終止值可以調為「10」，其值可以逼近到「9.9」，其修改的程式碼如下：
>
> ```
> x = np.arange(0, 10, 0.1)
> ```
>
> 其執行結果如圖所示：

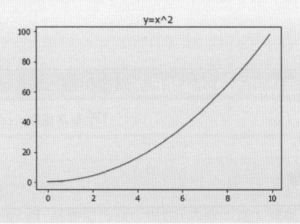

11-6 繪製多張圖表

有時候我們會希望程式執行時，在視窗內一次呈現多張圖表，此時會使用 subplot( )函式來達成，其語法如下：

```
plt.subplot(圖表列數, 圖表行數, 圖表編號)
```

- 圖表列數：設定總共有幾列子圖表。
- 圖表行數：設定總共有幾行子圖表。
- 圖表編號：設定要在哪一個子圖表進行繪製，其編號規則為從 1 開始，先「列」後「行」，請參考下圖：

有一些讀者在看表格時，對於欄位在表格的第幾行第幾列，常常會產生一些行列上的混淆。此處筆者提供一個記憶方式供大家參考，通常我們要判斷表格的欄位是第幾列第幾行時，會以第一個筆畫為判斷依據，第一筆畫是橫的就是橫的，因此當你寫「列」這個字時，第一筆畫是橫的，所以，橫為列；反之可得，直為行。

程式範例：在一個視窗內繪製多張圖表

📄 參考檔案：11-6-1.py　　　　　　　　✏ 學習重點：subplot( )函式的運用

一、程式設計目標

在一個視窗內繪製 2 個子圖表，兩個子圖表標題為「Picture1」與「Picture2」，分別繪製「y = 2*x」與「y = 20-2*x」的圖形，子圖表的設置為「2 列 1 行」，其執行結果如圖所示。

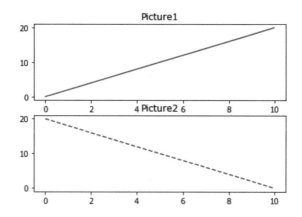

二、參考程式碼

列數	程式碼
1	# 在一個視窗內繪製多張圖表
2	import numpy as np
3	import matplotlib.pyplot as plt
4	x = np.linspace(0, 10, 2)
5	y1 = 2 * x
6	y2 = 20 - 2 * x
7	plt.subplot(2, 1, 1)
8	plt.plot(x, y1)
9	plt.title('Picture1')
10	plt.subplot(2, 1, 2)
11	plt.plot(x, y2, ls='--')
12	plt.title('Picture2')
13	plt.show()

三、程式碼解說

- 第 7～9 行：開始繪製總共為「2 列 1 行」之編號為 1 的子圖表，繪製的公式為「y = 2*x」，並將子圖表標題設為「Picture1」。
- 第 10～12 行：開始繪製總共為「2 列 1 行」之編號為 2 的子圖表，繪製的公式為「y = 20-2*x」，並將子圖表標題設為「Picture2」。

> **📎 TIPs 繪製「1列2行」之子圖表**
>
> 如果要將 2 個子圖表，左右排列，採用「1 列 2 行」模式，需要修改 2 行 subplot( ) 函式為：
>
> ```
> plt.subplot(1,2,1)
> plt.subplot(1,2,2)
> ```
>
> 其執行結果如下：
>
>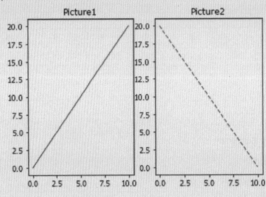

程式範例：在一列繪製 y=x、x^2 與 x^3 等 3 張圖表

📄 參考檔案：11-6-2.py　　　　　　　　✏️ 學習重點：subplot( ) 函式的運用

一、程式設計目標

在一個視窗內繪製 3 個子圖表，3 個子圖表的標題為「y=x」、「y=x^2」與「y=x^3」，分別繪製「y=x」、「y=x^2」與「y=x^3」的圖形，子圖表的設置為「1 列 3 行」，其執行結果如圖所示。

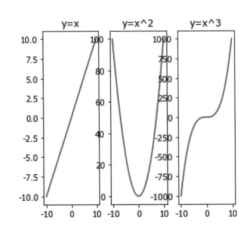

二、參考程式碼

列數	程式碼
1	#在一列繪製y=x、x^2 與x^3 等3 張圖表
2	import numpy as np
3	import matplotlib.pyplot as plt
4	x = np.linspace(-10,10,100)
5	plt.subplot(1,4,1) #子圖表1
6	plt.plot(x, np.power(x, 1))
7	plt.title("y=x")
8	plt.subplot(1,4,2) #子圖表2
9	plt.plot(x, np.power(x, 2))
10	plt.title("y=x^2")
11	plt.subplot(1,4,3) #子圖表3
12	plt.plot(x, np.power(x, 3))
13	plt.title("y=x^3")
14	plt.show()

三、程式碼解說

- 第 4 行：在數值「-10」到「10」的範圍內，建立一個有 100 個數列點的數列矩陣。

- 第 5～7 行：開始繪製總共為「1 列 3 行」之編號為 1 的子圖表，繪製的公式為「y = x」，並將子圖表標題設為「y = x」。

- 第 8～10 行：開始繪製總共為「1 列 3 行」之編號為 2 的子圖表，繪製的公式為「y = x^2」，並將子圖表標題設為「y = x^2」。

- 第 11～13 行：開始繪製總共為「1 列 3 行」之編號為 3 的子圖表，繪製的公式為「y = x^3」，並將子圖表標題設為「y = x^3」。

TIPs python 中的 arange( ) 和 linspace( ) 函式之差別

arange( ) 類似 range( ) 函式，設定起始值、終止值與間隔值後，會得到一組「不含」終止值的數字矩陣，如 np.arange(0, 3, 1) 會得到矩陣[0, 1, 2]的結果。而 linspace( ) 函式，設定起始值、終止值與數列的個數後，會得到一組「包含」終止值的數字矩陣，如 np.linspace(0, 2, 3) 會得到矩陣[0, 1, 2]的結果。

📖 習題

選擇題

(　　) 1. 在 matplotlib.pyplot 模組中，下列哪一個函式是用來繪製線條的？

　　(a) plot( )　　　　　　　　　(b) pie( )

　　(c) arang( )e　　　　　　　　(d) subplot( )

(　　) 2. matplotlib 套件是一個 Python 幾 D 的繪圖套件？

　　(a) 1D　　　　　　　　　　(b) 2D

　　(c) 3D　　　　　　　　　　(d) 4D

(　　) 3. 在 matplotlib.pyplot 模組中，我們可以使用哪一個函式顯示 y 軸的標籤？

　　(a) label( )　　　　　　　　(b) ylim( )

　　(c) ylabel( )　　　　　　　　(d) label_y( )

(　　) 4. np.arange(0, 6, 2)敘述會得到下列何種結果？

　　(a) [1, 3, 5]　　　　　　　　(b) [0, 2, 4, 6]

　　(c) [0, 6]　　　　　　　　　(d) [0, 2, 4]

(　　) 5. 在 matplotlib.pyplot 模組中，要改變線條類型，需要修改哪一個參數？

　　(a) linewidth　　　　　　　　(b) style

　　(c) linestyle　　　　　　　　(d) label

問答題

1. 請說明在 matplotlib.pyplot 模組繪製線條的語法。

2. 使用 linspace( )函式產生等差數列矩陣。

圖片處理與
執行檔建置

12 CHAPTER

Python 語言原本是使用 PIL（Python Imaging Library）來處理圖片的效果，後來 PIL 停止開發與維護，後續則由第三方套件 pillow 來進行圖片的處理，包括：圖片的讀取、轉換、旋轉、濾鏡…等效果。

12-1 pillow 套件的安裝

Python 要匯入 pillow 套件前，需要先以 pip 程式安裝套件，安裝 pillow 套件的步驟如下（如果開發環境中已有 pillow 套件，則可省略以下步驟）：

Step1　打開「Anaconda Prompt(anaconda3)」視窗。

Step2　在提示符號下輸入「pip install pillow」指令。

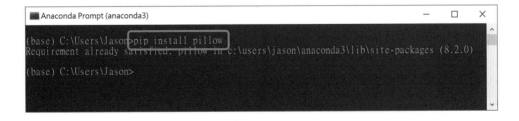

Step3 如要安裝新版 pillow 套件，可輸入「python -m pip install --user -U pillow」指令，來完成更新安裝。

Step4 最後可輸入「pip show pillow」指令，查看 pillow 版本相關資訊，其結果如圖所示。

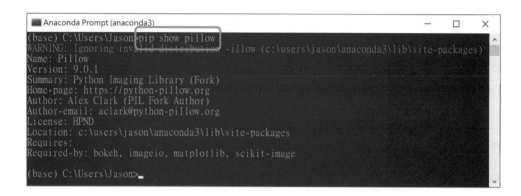

12-2 pillow 套件的功能

pillow 套件承襲了原本 PIL 的相關功能，所以匯入 pillow 套件的語法，顧及與原本 PIL 的相容性，所以，仍是以 PIL 為名稱來使用，匯入 pillow 套件的 Image 模組之語法如下：

```
from PIL import Image
```

匯入 pillow 套件 Image 模組後，要打開圖片的語法如下：

```
Image.open(圖檔完整名稱)
```

打開圖片後，顯示圖片的語法如下：

```
圖片物件名稱.show( )
```

12-2-1 圖片屬性

圖片是 pillow 套件主要的處理對象，其常見的屬性如表所示。

屬性	說明
Image.width	圖片寬度（以像素為單位）
Image.height	圖片高度（以像素為單位）
Image.format	圖片檔案格式
Image.mode	圖片色彩模式，包括：黑白色彩模式之代碼為「1」，灰階色彩模式之代碼為「L」、RGB 色彩模式之代碼為「RGB」、CMYK 色彩模式之代碼為「CMYK」
Image.size	圖片大小，其傳回值是圖片的寬度與高度

程式範例：打開圖片並顯示常見屬性

📄 參考檔案：12-2-1-1.py　　　　　　　　✏️ 學習重點：圖片的屬性

一、程式設計目標

打開範例檔案「skytree.jpg」檔，並且呼叫 show( )函式來顯示該圖片，該圖片顯示後如圖所示。

另外，使用 print( )函式印出圖片的常見屬性，包括：圖片的寬度、高度、檔案格式、色彩模式與圖片大小等，印出的內容如圖所示。

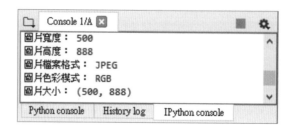

二、參考程式碼

列數	程式碼
1	*# 打開圖片並顯示常見屬性*
2	*from PIL import Image*
3	*pic = Image.open('skytree.jpg')*
4	*print('圖片寬度：', pic.width)*
5	*print('圖片高度：', pic.height)*
6	*print('圖片檔案格式：', pic.format)*
7	*print('圖片色彩模式：', pic.mode)*
8	*print('圖片大小：', pic.size)*
9	*pic.show()*

三、程式碼解說

- 第 2 行：匯入 pillow 套件的 Image 模組。

- 第 3 行：使用 pillow 套件 Image 模組的 open( )函式打開「skytree.jpg」檔，並將內容指定給圖片物件變數 pic。

- 第 4 行：印出 pic 圖片的寬度 width 屬性。

- 第 5 行：印出 pic 圖片的高度 height 屬性。

- 第 6 行：印出 pic 圖片的圖片格式 format 屬性。

- 第 7 行：印出 pic 圖片的色彩模式 mode 屬性。

- 第 8 行：印出 pic 圖片的大小 size 屬性。

- 第 9 行：呼叫 show( )函式來顯示圖片。

12-2-2 改變圖片色彩模式

pillow 套件 Image 模組的 convert( )函式可以改變圖片色彩模式,語法如下:

```
圖片物件名稱.convert('色彩模式代碼')
```

程式範例:轉換圖片並顯示常見屬性

📑 參考檔案:12-2-2-1.py   ✏️ 學習重點:轉換圖片的練習

一、程式設計目標

打開範例檔案「skytree.jpg」檔,並且呼叫 convert( )函式來轉換該圖片為黑白色彩模式,轉換後該圖片之顯示如圖所示。

另外,使用 print( )函式印出圖片原本的圖片色彩模式為「RGB」,以及轉換黑白後的圖片色彩模式為「1」,印出的內容如圖所示。

二、參考程式碼

列數	程式碼
1	*# 轉換彩色圖片為黑白照片*
2	*from PIL import Image*
3	*pic = Image.open('skytree.jpg')*
4	*print('原本的圖片色彩模式：', pic.mode)*
5	*new_pic = pic.convert('1')*
6	*new_pic.show()*
7	*print('轉換黑白後的圖片色彩模式：', new_pic.mode)*

三、程式碼解說

- 第 5 行：使用 convert( )函式轉換 pic 圖片變數的色彩模式為黑白模式，其代碼為「1」，並將轉換後的內容指定給圖片物件變數 new_pic。

- 第 6 行：呼叫 show( )函式來顯示轉換後的圖片。

- 第 7 行：印出轉換黑白後的圖片色彩模式。

> **TIPs** 使用 save( )函式儲存轉換後的圖檔
>
> 我們可以使用 save( )函式來儲存轉換後的圖檔，其儲存的語法如下：
>
> 圖片物件名稱．save('圖檔完整名稱')

12-2-3 旋轉圖片角度

pillow 套件 Image 模組的 rotate( )函式可以旋轉圖片，其旋轉值若為正值，代表是以逆時針分向旋轉；反之，若為負值，代表是以順時針方向旋轉，其語法如下：

圖片物件名稱.rotate(旋轉角度)

程式範例：逆時鐘與順時鐘旋轉圖片 30 度

📑 參考檔案：12-2-3-1.py　　　　　　　✏️ 學習重點：rotate( )函式的練習

一、程式設計目標

　　打開範例檔案「skytree.jpg」檔，並且呼叫 rotate( )函式來逆時鐘旋轉圖片 30 度，旋轉後該圖片之顯示如圖所示。

　　接下來是對原圖進行順時鐘旋轉圖片 30 度，旋轉後該圖片之顯示如圖所示。

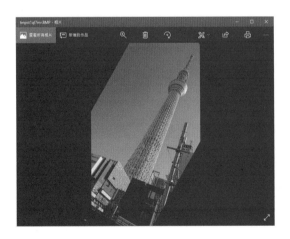

二、參考程式碼

列數	程式碼
1	# 逆時鐘與順時鐘旋轉圖片 30 度
2	from PIL import Image

```
3    pic = Image.open('skytree.jpg')
4    new_pic = pic.rotate(30)   # 逆時鐘旋轉
5    new_pic.show()
6    new_pic2 = pic.rotate(-30)   # 順時鐘旋轉
7    new_pic2.show()
```

三、程式碼解說

- 第 4 行：旋轉的角度為正值是逆時鐘旋轉。

- 第 6 行：旋轉的角度為負值是順時鐘旋轉。

12-2-4 圖片濾鏡

pillow 套件的 filter( )函式可以對圖片加上濾鏡，使用濾鏡效果前要先匯入 ImageFilter 模組，其匯入的語法如下：

```
from PIL import ImageFilter
```

匯入 ImageFilter 模組後，套用濾鏡的語法如下：

```
圖片物件名稱.filter(ImageFilter.濾鏡)
```

常見的濾鏡效果如表所示。

濾鏡	說明
BLUR	使圖片變得模糊
CONTOUR	留下圖片輪廓線條
DETAIL	使圖片細節明顯
EDGE_ENHANCE	使圖片之邊緣增強
SMOOTH	使圖片更加平滑
SHARPEN	使圖片更加銳利

程式範例：套用輪廓濾鏡效果

📄 參考檔案：12-2-4-1.py　　　　　　　📝 學習重點：filter( )函式的練習

一、程式設計目標

　　打開範例檔案「skytree.jpg」檔，並且呼叫 filter( )函式來套用濾鏡，將圖片套用輪廓濾鏡後，該圖片之顯示如圖所示。

二、參考程式碼

列數	程式碼
1	# 套用輪廓濾鏡效果
2	from PIL import Image
3	from PIL import ImageFilter
4	pic = Image.open('skytree.jpg')
5	new_pic = pic.filter(ImageFilter.CONTOUR)　# 輪廓濾鏡
6	new_pic.save('12-2-4-1_pic.jpg')　# 存檔
7	new_pic.show()

三、程式碼解說

- 第 2 行：匯入 pillow 套件的 Image 模組。
- 第 3 行：匯入 pillow 套件的 ImageFilter 模組。
- 第 5 行：使用「ImageFilter.CONTOUR」指令將濾鏡效果套用在圖片上。
- 第 6 行：將輪廓圖存成「12-2-4-1_pic.jpg」檔。

12-2-5 縮放圖片

　　pillow 套件 Image 模組的 resize( ) 函式可以縮放圖片，藉由指定寬度與高度的像素縮放圖片，其語法如下：

```
圖片物件名稱.resize(指定寬度,指定高度)
```

程式範例：縮放圖片並存檔

📄 參考檔案：12-2-5-1.py　　　　　　📝 學習重點：resize( )函式的練習

一、程式設計目標

　　打開範例檔案「skytree.jpg」檔，並且呼叫 resize( ) 函式將圖片縮放成寬度 400 像素與高度 400 像素，並且存檔成「skytree_resize.jpg」，縮放後該圖片之顯示如圖所示。

　　另外，請印出原圖大小與縮放後的圖形大小，其結果如圖所示。

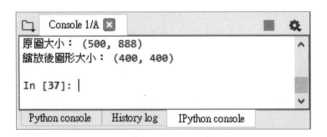

二、參考程式碼

列數	程式碼
1	# *縮放圖片並存檔*
2	*from PIL import Image*
3	*pic = Image.open('skytree.jpg')*
4	*print('原圖大小：', pic.size)*
5	*new_pic = pic.resize((400, 400)) # 縮放圖片*
6	*print('縮放後圖形大小：', new_pic.size)*
7	*new_pic.save('skytree_resize.jpg') # 存檔*
8	*new_pic.show()*

三、程式碼解說

- 第 5 行：呼叫 resize( )函式將圖片縮放成「(400,400)」，並指定給圖片物件 new_pic。
- 第 7 行：呼叫 save( )函式將新圖檔儲存為「skytree_resize.jpg」檔名。

12-2-6 圖片文字

當我們希望在圖片上加上文字，需要使用 pillow 套件的 3 個模組，包括：Image 模組、ImageFont 模組與 ImageDraw 模組。

ImageFont 模組的 truetype( )函式，可以控制文字的字型與大小，其使用語法如下：

```
ImageFont.truetype('字型路徑與名稱', 文字大小)
```

ImageDraw 模組的 Draw( ) 函式，則是將指定的圖片建立成 ImageDraw.Draw 物件，以利於使用 text( )函式來加入文字，其語法如下：

```
ImageDraw.Draw.text(xy, text, font, fill)
```

- xy 座標：在圖片上放入文字的座標，例如：(50,60)為從圖片左上角，向右 50 像素，向下 60 像素的位置。
- text 文字：在圖片上要撰寫的文字。
- font 字型：設定文字要顯示的字型與大小。
- fill 填色：設定文字的顏色，是採用 4 個 0~255 的數字來指定，其格式為（紅, 綠, 藍, 透明度），例如：（255, 0, 0, 255）代表不透明的紅色字。

程式範例：在圖片指定位置繪製文字

📋 參考檔案：12-2-6-1.py　　　📝 學習重點：ImageFont 模組與 ImageDraw 模組

一、程式設計目標

　　打開範例檔案「skytree.jpg」檔，並且運用 ImageFont 模組與 ImageDraw 模組，在圖上的(50,50)位置加入字型為「arial.ttf」、大小為「50」的紅色文字「TOKYO」，另外，在圖上的(50,100)位置加入字型為「arial.ttf」、大小為「50」的綠色文字「SkyTree」，程式之執行結果如圖所示。

二、參考程式碼

列數	程式碼
1	# 在圖片指定位置繪製文字
2	from PIL import Image, ImageFont, ImageDraw
3	pic = Image.open('skytree.jpg')
4	t_font = ImageFont.truetype('C:\\Windows\\Fonts\\Arial\\arial.ttf', 50)
5	draw = ImageDraw.Draw(pic) # 將 ImageDraw.Draw 物件指定給變數 draw
6	draw.text((50, 50), 'TOKYO', font=t_font, fill=(255, 0, 0, 255))
7	draw.text((50, 100), 'SkyTree', font=t_font, fill=(0, 255, 0, 255))
8	pic.show()

三、程式碼解說

- 第 2 行：匯入 pillow 套件的 Image 模組、ImageFont 模組與 ImageDraw 模組。

- 第 4 行：使用 ImageFont 模組的 truetype( )函式，設定使用 Windows 內建的「arial.ttf」字型，以及文字大小為「50」，將設定結果指定給變數 t_font。

- 第 5 行：將 ImageDraw.Draw 物件指定給變數 draw。

- 第 6 行：使用 text( )函式在 draw 物件上的指定位置(50,50)，使用指定的字型與大小，寫入紅色的文字「TOKYO」。

- 第 7 行：使用 text( )函式在 draw 物件上的指定位置(50,100)，使用指定的字型與大小，寫入綠色的文字「SkyTree」。

12-2-7 建立空白圖形

使用 pillow 套件 Image 模組的 new( )函式可以建立新的空白圖形，其語法如下：

```
Image.new(色彩模式, 圖片大小, 顏色)
```

- 色彩模式：可以選擇黑白色彩模式之代碼為「1」，灰階色彩模式之代碼為「L」、RGB 色彩模式之代碼為「RGB」、CMYK 色彩模式之代碼為「CMYK」。

- 圖片大小：設定圖片的寬度與高度，例如：(500, 300)為建立一個寬度為 500 像素，高度為 300 像素的圖片。

- 顏色：設定圖片的底色，此處的格式是採用「#RRGGBB」以 6 個 16 進位數值來設定，RR 是設定紅色數值、GG 是設定綠色數值、BB 是設定綠色數值，透過不同的 RGB 組合來呈現不同的顏色，例如：「#FF0000」會出現紅色。

程式範例：建立 300x200 的紅色圖片並儲存檔案

📋 參考檔案：12-2-7-1.py   ✏️ 學習重點：new( )函式的練習

一、程式設計目標

呼叫 new( )函式，建立 300x200 的紅色圖片，並且儲存檔案為「12-2-7-1_pic.jpg」，新建圖片之顯示如圖所示。

二、參考程式碼

列數	程式碼
1	# 建立 300x200 的紅色圖片並儲存檔案
2	from PIL import Image, ImageDraw
3	pic = Image.new('RGB', (300, 200), '#FF0000')
4	draw = ImageDraw.Draw(pic) # 將 ImageDraw.Draw 物件指定給變數 draw
5	pic.save('12-2-7-1_pic.jpg') # 存檔
6	pic.show()

三、程式碼解說

- 第 3 行：呼叫 new( ) 函式建立圖片，將色彩模式設為「RGB」，圖片大小為「300x200」，RRGGBB 顏色設定為紅色「#FF0000」。

- 第 5 行：呼叫 save( ) 函式將新圖檔儲存為「'12-2-7-1_pic.jpg」檔名。

12-3 ImageDraw 模組的繪圖

ImageDraw 模組提供了多種繪製幾何圖形的函式，包括：線段（line）、矩形（rectangle）、橢圓（ellipse）、弧線（arc）、扇形（pieslice）等，相關說明如下。

12-3-1 線段（line）

圖形所採用的是類似數學上的直
角座標系(x，y)，原點(0,0)位於圖形
的左上角，x 座標向右增加，y 座標向
下增加，x, y 皆為整數，如圖所示。

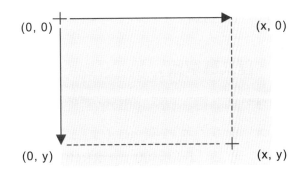

在 ImageDraw 模組中繪製線條的語法如下：

```
draw.line(xy, fill)
```

- xy 座標：在圖片上繪製線條的起點（start）與終點（end）座標，例如：
  (50,50,250,250)為從座標(50,50)至(250,250)的線條。
- fill 填色：設定線條的顏色，是採用 4 個 0~255 的數字來指定，其格式為
  （紅,綠, 藍, 透明度），例如：（255, 0, 0, 255）代表不透明的紅色字。

程式範例：建立 500x300 圖片並繪製線條

📄 參考檔案：12-3-1-1.py   ✏️ 學習重點：line( )函式

一、程式設計目標

使用 Image 模組的 new( )函式建立
「500x300」的黃色圖形，在圖形上繪製
一條從(50,50)到(250,250)的紅色線條，程
式之執行結果如圖所示。

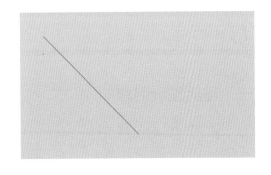

二、參考程式碼

列數	程式碼
1	# 建立500x300 圖片並繪製線條
2	from PIL import Image, ImageDraw
3	pic = Image.new('RGB', (500, 300), '#FFFF00')

```
4   draw = ImageDraw.Draw(pic)  # 將 ImageDraw.Draw 物件指定給變數 draw
5   draw.line((50, 50, 250, 250), fill=(255, 0, 0, 255))
6   pic.show()
```

三、程式碼解說

- 第 2 行：匯入 pillow 套件的 Image 模組與 ImageDraw 模組。
- 第 3 行：呼叫 new( )函式建立圖片，將色彩模式設為「RGB」，圖片大小為「500x300」，RRGGBB 顏色設定為黃色「#FFFF00」。
- 第 4 行：將 ImageDraw.Draw 物件指定給變數 draw。
- 第 5 行：使用 line( )函式在 draw 物件上的指定起點位置(50,50)到終點座標(250,250)，繪製一條紅色線條。

12-3-2 矩形（rectangle）

在 ImageDraw 模組中繪製矩形的語法如下：

```
draw.rectangle(xy, fill)
```

- xy 座標：在指令範圍內繪製矩形的起點（start）與終點（end）座標，例如：(50,50,500,100)為從座標(50,50)至(500,100)的矩形。
- fill 填色：設定線條的顏色，是採用 4 個 0~255 的數字來指定，其格式為（紅,綠,藍,透明度），例如：（255, 0, 0, 255）代表不透明的紅色字。

程式範例：建立 500x300 圖片並繪製矩形

📄 參考檔案：12-3-2-1.py　　　　　　　　　📝 學習重點：rectangle( )函式

一、程式設計目標

使用 Image 模組的 new( )函式建立「500x300」的黃色圖形，在圖形上繪製一個範圍從(50,50)到(500,100)的紅色矩形，程式之執行結果如圖所示。

二、參考程式碼

列數	程式碼
1	*# 建立 500x300 圖片並繪製矩形*
2	*from PIL import Image, ImageDraw*
3	*pic = Image.new('RGB', (500, 300), '#FFFF00')*
4	*draw = ImageDraw.Draw(pic) # 將 ImageDraw.Draw 物件指定給變數 draw*
5	*draw.rectangle((50, 50, 500, 100), fill=(255, 0, 0, 255))*
6	*pic.show()*

三、程式碼解說

- 第 5 行：使用 rectangle( )函式在 draw 物件上的指定範圍(50,50)～(500,100)，繪製一塊紅色矩形。

12-3-3 橢圓（ellipse）

在 ImageDraw 模組中繪製橢圓的語法如下：

```
draw.ellipse(xy, fill)
```

- xy 座標：在指令範圍內繪製橢圓的起點（start）與終點（end）座標，例如：(50,50,300,200)為從座標(50,50)至(300,200)的橢圓。
- fill 填色：設定線條的顏色，是採用 4 個 0~255 的數字來指定，其格式為（紅, 綠, 藍, 透明度），例如：（255, 0, 0, 255）代表不透明的紅色字。

程式範例：建立 500x300 圖片並繪製矩形與橢圓

📄 參考檔案：12-3-3-1.py　　　　　　　📝 學習重點：ellipse( )函式

一、程式設計目標

使用 Image 模組的 new( )函式建立「500x300」的黃色圖形，在圖形上繪製一個範圍從(50,50)到(300,200)的紅色矩形，再繪製一個範圍從(50,50)到(300,200)的藍色橢圓，橢圓邊緣剛好會切在矩形的邊，程式之執行結果如圖所示。

二、參考程式碼

列數	程式碼
1	# 建立500x300 圖片並繪製矩形與橢圓
2	from PIL import Image, ImageDraw
3	pic = Image.new('RGB', (500, 300), '#FFFF00')
4	draw = ImageDraw.Draw(pic) # 將 ImageDraw.Draw 物件指定給變數 draw
5	draw.rectangle((50, 50, 300, 200), fill=(255, 0, 0, 255))
6	draw.ellipse((50, 50, 300, 200), fill=(0, 0, 255, 255))
7	pic.show()

三、程式碼解說

- 第 6 行：使用 ellipse( )函式在 draw 物件上的指定範圍(50,50)～(300,200)，繪製一個藍色橢圓。

12-3-4 弧線（arc）

在 ImageDraw 模組中繪製弧線的語法如下：

```
draw.arc(xy, start, end, fill)
```

- xy 座標：在指令範圍內繪製弧線的起點（start）與終點（end）座標，例如：(50,50,250,250)為從座標(50,50)至(250,250)的範圍。
- start 角度：設定繪製弧線的起始角度。
- end 角度：設定繪製弧線的終止角度。
- fill 填色：設定線條的顏色，是採用 4 個 0~255 的數字來指定，其格式為（紅,綠, 藍, 透明度），例如：（255, 0, 0, 255）代表不透明的紅色字。

在 pillow 套件中的弧線角度，是依下圖來做設定。其中 0 度從數學的 X 軸方向開始，以順時針方向增加。

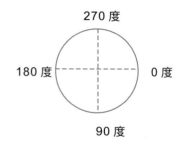

例如：起始角度為 0，終止角度為 90，所代表的弧線。

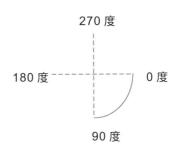

例如：起始角度為 180，終止角度為 270，所代表的弧線。

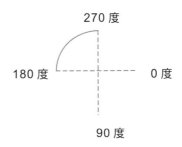

程式範例：建立 500x300 圖片並繪製 45~135 度的弧線

📄 參考檔案：12-3-4-1.py   ✍️ 學習重點：arc( )函式

一、程式設計目標

使用 Image 模組的 new( )函式建立「500x300」的黃色圖形，在圖形上繪製一個範圍從(50,50)到(250,250)，角度從 45 到 135 度的黑色弧線，程式之執行結果如圖所示。

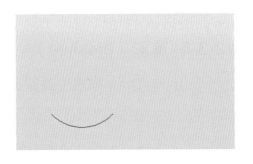

二、參考程式碼

列數	程式碼
1	# 建立 500x300 圖片並繪製 45~135 度的弧線
2	from PIL import Image, ImageDraw
3	pic = Image.new('RGB', (500, 300), '#FFFF00')
4	draw = ImageDraw.Draw(pic) # 將 ImageDraw.Draw 物件指定給變數 draw
5	draw.arc((50, 50, 250, 250), 45, 135, fill=(0, 0, 0, 255))
6	pic.show()

三、程式碼解說

- 第 5 行：使用 arc( ) 函式在 draw 物件上的指定範圍(50,50)～(250,250)，繪製一條黑色弧線，角度從 45 到 135 度。

> **TIPs 弦（chord）的繪製**
>
> 弦的繪製與弧線（arc）的繪製方法非常相似，差別在於會使用直線連接起始點與終止點，構成一個區域，如同範例「12-3-4-1.py」將第 5 行指令換成畫弦的指令，即可繪製弦的圖形：
>
> ```
> draw.chord((50, 50, 250, 250), 45, 135, fill=(0, 0, 0, 255))
> ```
>
> 參考檔案：12-3-4-2.py
>
> 其執行結果如圖所示：
>
>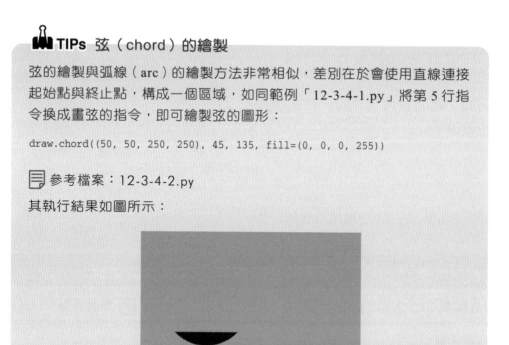

12-3-5 扇形（pieslice）

在 ImageDraw 模組中繪製扇形的語法如下：

```
draw.pieslice(xy, start, end, fill)
```

- xy 座標：在指令範圍內繪製扇形的起點（start）與終點（end）座標，例如：(50,50,250,250)為從座標(50,50)至(250,250)的範圍。
- start 角度：設定繪製扇形的起始角度。
- end 角度：設定繪製扇形的終止角度。
- fill 填色：設定扇形的顏色，是採用 4 個 0~255 的數字來指定，其格式為（紅,綠,藍,透明度），例如：（255, 0, 0, 255）代表不透明的紅色字。

例如：起始角度為 0，終止角度為 90，所代表的扇形區塊。

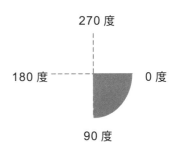

例如：起始角度為 180，終止角度為 270，所代表的扇形區塊。

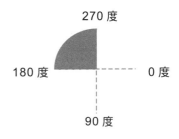

程式範例：建立 500x300 圖片並繪製 45~135 與 225~315 度的扇形

📄 參考檔案：12-3-5-1.py　　　　　　　📝 學習重點：ieslice( )函式

一、程式設計目標

使用 Image 模組的 new( )函式建立「500x300」的黃色圖形，在圖形上繪製一個範圍從(50,50)到(250,250)，角度從 45 到 135 度的綠色扇形，以及角度從 225 到 315 度的藍色扇形，程式之執行結果如圖所示。

二、參考程式碼

列數	程式碼
1	# 建立 500x300 圖片並繪製45~135 與225~315 度的扇形
2	from PIL import Image, ImageDraw
3	pic = Image.new('RGB', (500, 300), '#FFFF00')
4	draw = ImageDraw.Draw(pic)　# 將 ImageDraw.Draw 物件指定給變數 draw
5	draw.pieslice((50, 50, 250, 250), 45, 135, fill=(0, 255, 0, 255))
6	draw.pieslice((50, 50, 250, 250), 225, 315, fill=(0, 0, 255, 255))
7	pic.show()

三、程式碼解說

- 第 5 行：使用 pieslice( )函式在 draw 物件上的指定範圍(50,50)～(250,250)，繪製一個綠色扇形，角度從 45 到 135 度。

- 第 6 行：使用 pieslice( )函式在 draw 物件上的指定範圍(50,50)～(250,250)，繪製一個藍色扇形，角度從 225 到 315 度。

> **TIPs 弦與扇形的差別**
>
> 弦是使用直線連接起始點與終止點，構成一個區域，然後把中間填滿；而扇形是由中心點分別與起始點及終止點以直線連接，然後把中間區域填滿，其差別在於扇形必會包含中心點，而弦則未必。

12-4 執行檔建置

由於不是每台電腦都有安裝 Python 作業環境，我們可以把 Python 檔案包裝成執行檔（.exe），以利於在沒有安裝 Python 的電腦上執行。

執行檔的建置程序如下：

Step1 選取執行開始功能表的【Anaconda3 (64-bit)/ Anaconda Prompt(anaconda3)】選項。

Step2 安裝「pyinstaller」套件。在 Anaconda Prompt 視窗，輸入「pip install https://github.com/pyinstaller/pyinstaller/archive/develop.zip」指令。

Step3 安裝完成「pyinstaller」套件的畫面如下。

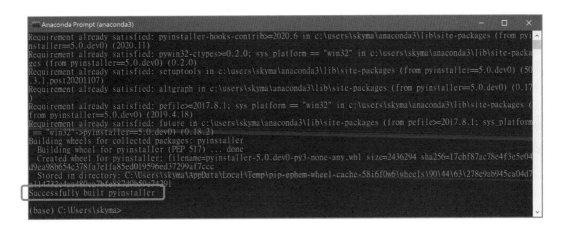

Step4 進行執行檔建置之語法如下：

```
pyinstaller -F 檔案名稱.py
```

此處以 Ch12 之「12-3-5-1.py」檔案為例，請在「12-3-5-1.py」檔案之工作目錄輸入「pyinstaller -F 12-3-5-1.py」指令。

Step5 出現執行檔建置完成的畫面，如圖所示。

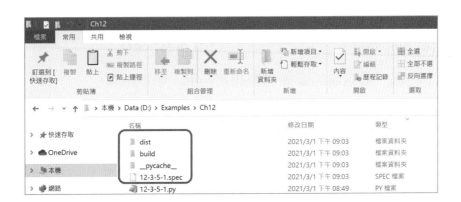

Step6 檢視「12-3-5-1.py」檔案之工作目錄，會出現幾個新增的資料夾與檔案，如圖所示。

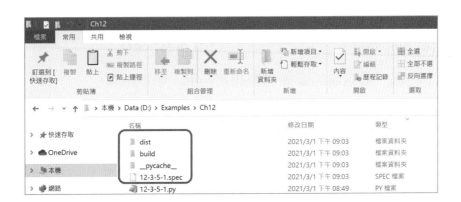

Step7 我們所需要的執行檔,就在「dist」目錄下,完成執行檔的建置。如右圖所示,當按下「12-3-5-1.exe」執行檔,會快速執行該繪圖程式,即使在沒有安裝 Python 的電腦環境下,也能夠執行。

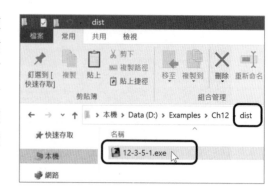

習題

選擇題

( ) 1. 在 pillow 套件中,哪一個屬性可以知道圖片的大小?

    (a) mode   (b) size

    (c) format   (d) height

( ) 2. 在 pillow 套件中,要將圖片加上濾鏡效果需要使用哪一個函式?

    (a) resize()   (b) filter()

    (c) convert()   (d) rotate()

( ) 3. 在 pillow 套件中,要建立空白圖形需要使用哪一個函式?

    (a) open()   (b) empty()

    (c) blank()   (d) new()

( ) 4. 下列何者為 pillow 套件中繪製橢圓形的函式?

    (a) rectangle()   (b) line()

    (c) ellipse()   (d) pieslice()

( ) 5. 下列哪一個選項的弧線繪製起始角度,可以繪製出如右圖?

    (a) 45,225   (b) 0,180

    (c) 90,270   (d) 120,300

Certiport ITS Python 資訊科技專家國際認證模擬試題

選擇題

(　　) 1. 請問何者為以下程式碼的輸出？

```
list_A = [1, 2]
list_B = [4, 3]
list_C = list_A + list_B
list_D = list_C * 2
print(list_D)
```

    (A)　[10, 10]　　　　　　　　(B)　[1, 2, 4, 3]

    (C)　[2, 4, 8, 6]　　　　　　　(D)　[1, 2, 4, 3, 1, 2, 4, 3]

(　　) 2. 某金融機構必須給主管看到所有客戶去掉小數值的存款平均餘額，請問下列哪兩個選項可以達成程式設計目標？

    (A)　average_saving = int(total_deposits / all_customers)

    (B)　average_saving = total_deposits % all_customers

    (C)　average_saving = float(total_deposits / all_customers)

    (D)　average_saving = total_deposits // all_customers

(　　) 3. 請問何者為以下程式碼的輸出？

```
print(type(-1E10))
print(type(False))
print(type(1.0))
print(type("False"))
```

(A) <class 'int'> <class 'bool'> <class 'float'> <class 'str'>

(B) <class 'float'> <class 'bool'> <class 'float'> <class 'str'>

(C) <class 'float'> <class 'str'> <class 'float'> <class 'str'>

(D) <class 'float'> <class 'bool'> <class 'float'> <class 'bool'>

( ) 4. 請問何者為以下程式碼的輸出？

```
value1 = 24
value2 = 7
value3 = 17.9
answer = (value1 % value2 * 100) // 2.0 ** 3.0 - value2
print(answer)
```

(A) 30.0   (B) 30.5

(C) 457   (D) 發生語法錯誤

( ) 5. 請問下列哪兩個選項可以達成提取浮點數的絕對值，以及移除整數後面的小數點？

(A) math.fabs(x)   (B) math.floor(x)

(C) math.fmod(x)   (D) math.frexp(x)

( ) 6. 請問下列程式碼的輸出值為何？

```
import datetime
d = datetime.datetime(2021, 12, 14)
print('{:%B-%d-%y}'.format(d))
```

(A) 12-14-21   (B) 12-14-2021

(C) December-14-21   (D) 2021-December-14

( ) 7. 請問要輸出如下的圖形：

```
* * * *
*
* * * *
*
* * * *
```

下列程式碼的兩個空格依序要填入何者？

```python
result_str = ""
for row in range(1, □):
    for column in range(1, □):
        if(row == 1 or row == 3 or row == 5):
            result_str += "*"
        elif column == 1:
            result_str += "*"
    result_str += "\n"
print(result_str)
```

(A)　5　　5   (B)　5　　6

(C)　6　　5   (D)　6　　6

(　) 8.　程式設計師設計了以下輸入資料的程式碼：

```python
item = input("Enter the item name:")
sales = input("Input the quantity:")
```

在輸出的時候，業主有以下的格式要求：

- 以雙引號括住字串
- 不以引號或其他字元括住數字
- 以逗點分隔項目

下列哪兩個選項可以達成業主的輸出要求呢？

(A)　print('"{0}",{1}'.format(item, sales))

(B)　print('"'+item+'",'+sales)

(C)　print("{0},{1}".format(item, sales))

(D)　print(item+','+sales)

(　) 9.　如果想要在 Python 程式內加入註解，好讓團隊其他成員可以瞭解
相關的重點，請用應該要採取下列哪一項作法？

(A)　在程式碼片段的<!--和-->之間放入註解

(B)　在任何一行的#後面放入註解

(C)　在任何一行的//後面放入註解

(D)　在程式碼片段的/*和*/之間放入註解

(　) 10. 程式設計師想要產生具有下列特性的隨機數字：

- 此數字是 5 的倍數
- 最低數字是 5
- 最高數字是 100

請問下列哪兩個選項可以取出符合要求的隨機數字呢？

(A) from random import randint
print(randint(1, 20)*5)

(B) from random import randint
print(randint(0, 20)*5)

(C) from random import randrange
print(randrange(5, 105, 5))

(D) from random import randrange
print(randrange(0, 100, 5))

題組題

題組 1：

(　) 1. 請問在下列程式碼中，有哪兩種資料類型儲存其中？
```
rooms = {1: 'Foyer', 2: 'Conference Room'}
```

(A) 布林值與字串　　　　(B) 浮點數與布林值

(C) 整數與字串　　　　　(D) 浮點數與整數

(　) 2. 請問在下列程式碼中，變數 room 是何種資料型態？
```
room = input('Enter the room number:')
```

(A) bool　　　　　　　(B) float

(C) int　　　　　　　　(D) str

(　) 3. 承第 1 題的變數指派，請問在下列尋找房間名稱的程式碼，輸入房號「1」，為何無法輸出房間名稱「Foyer」？
```
if not room in rooms:
    print('Room does not exist.')
else:
    print('The room name is ' + rooms[room])
```

(A) 語法錯誤   (B) 不符合的資料類型
(C) 命名錯誤的變數   (D) 程式邏輯錯誤

題組 2：

(   ) 1. 請問在下列程式碼中，第二個 print 所顯示的內容為何？

```
a = 'Code1'
print(a)
b = a
a += 'Code2'
print(a)
print(b)
```

(A) Code1   (B) Code1Code2
(C) Code2   (D) Code2Code1

(   ) 2. 承上題，請問第三個 print 所顯示的內容為何？

```
room = input('Enter the room number:')
```

(A) Code1   (B) Code1Code2
(C) Code2   (D) Code2Code1

題組 3：

(   ) 1. 下列程式碼可以進行前後顛倒字母的處理，輸入「nohtyp」，會輸出「python」，請問第 1 個空格的程式碼片段應為何者？

```
def reverse_name(backward_name):
    forward_name = ""
    length = [        1        ]
    while(length >= 0):
        forward_name += [        2        ]
        length -= 1
    return(forward_name)
print(reverse_name('nohtyp'))
```

(A) backward_name
(B) len(backward_name)-1
(C) range(0, len(backward_name), -1)
(D) range(len(backward_name)-1, -1, -1)

( ) 2. 承上題，請問第 2 個空格的程式碼片段應為何者？
    (A) backward_name[index]
    (B) backward_name[length]
    (C) backward_name[length+1]
    (D) backward_name[len(backward_name) – len(forward_name)]

題組 4：

( ) 1. 有一個字串如下，請問 alpha[3:15]指令取出的內容為下列何者？
```
alph = "abcdefghijklmnopqrstuvwxyz"
```
    (A) defghijklmno   (B) dgjm
    (C) pmjg   (D) zwtqnkheb

( ) 2. 承上題，請問 alph[3:15:3]指令取出的內容為下列何者？
    (A) defghijklmno   (B) dgjm
    (C) pmjg   (D) zwtqnkheb

( ) 3. 承第 1 題，請問 alph[15:3:-3]指令取出的內容為下列何者？
    (A) defghijklmno   (B) dgjm
    (C) pmjg   (D) zwtqnkheb

( ) 4. 承第 1 題，請問 alph[::-3]指令取出的內容為下列何者？
    (A) defghijklmno   (B) dgjm
    (C) pmjg   (D) zwtqnkheb

題組 5：

( ) 1. 下列程式碼可以從 word_list 串列中，找出某個字母出現的次數，請問第 1 個空格的程式碼片段應為何者？
```
def count_letter(letter, word_list):
    count = 0
    for [    1    ]
        if [    2    ]
            count += 1
    return count
word_list = ['a', 'a', 'b', 'c']
```

```
letter = input("which letter would you like to count")
letter_count = count_letter(letter, word_list)
print("There are:", letter_count, "instances of " + letter)
```

(A) word_list in word: (B) word in word_list:

(C) word == word_list: (D) word is word_list:

( )2. 承上題,請問第 2 個空格的程式碼片段應為何者?

(A) word is letter: (B) letter is word:

(C) word in letter: (D) letter in word:

題組 6:

( )1. 要讓 Python 程式正確執行,請問第 1 個空格的程式碼片段應為何者?

```
numList = [1, 2, 3, 4, 5]
alphaList = ['a', 'b', 'c', 'd', 'e']
      1
    print("The values in numList are equal to alphaList")
      2
    print("The values in numList are not equal to alphaList")
```

(A) if numList = alphaList: (B) if numList == alphaList:

(C) if numList += alphaList: (D) if numList -= alphaList:

( )2. 承上題,請問第 2 個空格的程式碼片段應為何者?

(A) else: (B) elif:

(C) elseif: (D) el:

題組 7:

( )1. 有一間公司要將年薪低於 150000 美元的員工依下列公式調薪:

新的薪資 = 目前薪資 x 108% + 100 美元獎金

員工的薪資存於 salary_list 串列中,要讓下列 Python 程式正確執行,請問第 1 個空格的程式碼片段應為何者?

```
┌─────────────1─────────────┐
└───────────────────────────┘
    if salary_list[index] >= 150000:
         ┌──────2──────┐
         └─────────────┘
    salary_list[index] = (salary_list[index]*1.08)+100
```

(A) for index in range(len(salary_list)+1):

(B) for index in range(len(salary_list)-1):

(C) for index in range(len(salary_list)):

(D) for index in salary_list:

( ) 2. 承上題，請問第 2 個空格的程式碼片段應為何者？

(A) exit()

(B) continue

(C) break

(D) end

題組 8：

( ) 1. 為了提升數字除法的安全性，避免分子或分母有缺項，或者分母為零的情況，請問第 1 個空格的程式碼片段應為何者？

```
def safe_divide(numerator, denominator):
     ┌──────────1──────────┐
     └─────────────────────┘
        print("A required value is missing.")
     ┌──────────2──────────┐
     └─────────────────────┘
        print("The denominator is zero.")
    else:
        return numerator / denominator
```

(A) if numerator is None or denominator is None:

(B) if numerator is None and denominator is None:

(C) if numerator = None or denominator = None:

(D) if numerator = None and denominator = None:

( ) 2. 承上題，請問第 2 個空格的程式碼片段應為何者？

(A) elif denominator == 0:　　　　(B) elif denominator = 0:

(C) elif denominator != 0:　　　　(D) elif denominator in 0:

題組 9：

( ) 1. 下列程式碼的運作有以下的要求：

- 呼叫 process()函式
- 如果 process()函式擲回錯誤，則呼叫 logError()函式
- 呼叫 process()函式後，一律呼叫 displayResult()函式

根據程式碼的運作要求，請問第 1 個空格的程式碼片段應為何者？

```
    1
  process()
    2
  logError()
    3
  displayResult()
```

(A) try:	(B) except:
(C) finally:	(D) assert:

( ) 2. 承上題，請問第 2 個空格的程式碼片段應為何者？

(A) try:	(B) except:
(C) finally:	(D) assert:

( ) 3. 承第 1 題，請問第 3 個空格的程式碼片段應為何者？

(A) try:	(B) except:
(C) finally:	(D) assert:

題組 10：

(   ) 1. 為了隨機指派房間（room_number）和幫團隊成員建立組別
（group），撰寫了以下程式碼，請問第 1 個空格的程式碼片段應
為何者？

```
import random
roomAssigned = [1]
room_number = 1
groupList = ['G_A', 'G_B', 'G_C', 'G_D']
count = 0
name = input("Please enter your name (q to quit):")
while name != 'q' and count < 50:
    while room_number in roomAssigned:
        ┌─────────────────────────┐
        │            1            │
        └─────────────────────────┘
    print(f"{name}, your room number is {room_number}")
    roomAssigned.append(room_number)
    ┌─────────────────────────┐
    │            2            │
    └─────────────────────────┘
    print(f"You will meet with the {group} group")
    count += 1
    name = input("Please enter your name (q to quit):")
```

       (A)   room_number = random(1, 50)

       (B)   room_number = random.randint(1, 50)

       (C)   room_number = random.shuffle(1, 50)

       (D)   room_number = random.random(1, 50)

(   ) 2. 承上題，請問第 2 個空格的程式碼片段應為何者？

       (A)   group = random.choice(groupList)

       (B)   group = random.ranfrange(groupList)

       (C)   group = random.shuffle(groupList)

       (D)   group = random.sample(groupList)

題組 11：

(　　) 1. 程式設計師寫了一個檢查公司產品的程式，當檢查到目標產品識別碼時，會跳出程式，該段程式碼如下：

```
product = [0, 1, 2, 3, 4]
index = 0
  1  (index < 5):
    print(product[index])
    if product[index] == 2:
        2
    else:
        3
```

請問第 1 個空格的程式碼片段應為何者？

(A)　while　　　　　　　　　(B)　for

(C)　if　　　　　　　　　　(D)　break

(　　) 2. 承上題，請問第 2 個空格的程式碼片段應為何者？

(A)　while　　　　　　　　　(B)　for

(C)　if　　　　　　　　　　(D)　break

(　　) 3. 承第 1 題，請問第 3 個空格的程式碼片段應為何者？

(A)　continue　　　　　　　(B)　break

(C)　index += 1　　　　　　(D)　index = 1

題組 12：

(　　) 1. 以下題目為關於 assert 方法的敘述，若要測試變數 a 與 b 的值是否相同，下列何者正確？

(A)　assertEqual(a, b)　　　　(B)　assertTrue(x)

(C)　assertIs(a, b)　　　　　(D)　assertIn(a, b)

(　　) 2. 承上題，若要測試物件 a 與 b 是否相同，下列何者正確？

(A)　assertEqual(a, b)　　　　(B)　assertTrue(x)

(C)　assertIs(a, b)　　　　　(D)　assertIn(a, b)

( ) 3. 承第 1 題，若要測試清單中是否存在某個值，下列何者正確？

(A) assertEqual(a, b)　　　　(B) assertTrue(x)

(C) assertIs(a, b)　　　　　　(D) assertIn(a, b)

題組 13：

( ) 1. 程式設計師設計了一個檔案程式，其功能為查看檔案是存在，如果檔案存在則顯示其內容，其程式碼如下：

```
import os
if        1
    file = open('myFile.txt')
            2
    file.close
```

請問第 1 個空格的程式碼片段應為何者？

(A) isfile('myFile.txt'):　　　　(B) os.exist('myFile.txt'):

(C) os.find('myFile.txt'):　　　　(D) os.path.isfile('myFile.txt'):

( ) 2. 承上題，請問第 2 個空格的程式碼片段應為何者？

(A) output('myFile.txt')　　　　(B) print(file.get('myFile.txt'))

(C) print(file.read())　　　　　(D) print('myFile.txt')

題組 14：

( ) 1. 某公司有一個薪資計算程式，該程式可以計算出每月需付的薪水與平均薪資，平均薪資以浮點數計算，其程式碼如下：

```
employee_pay = [25000, 28000, 33000, 98000]
count = 0
Sum = 0
for index in range(0,        1
    count += 1
    Sum += employee_pay[index]
        2
print("The total pay is:", Sum)
print('The average salary is:', average)
```

請問第 1 個空格的程式碼片段應為何者？

(A) size(employee_pay)):

(B) size(employee_pay)-1):

(C) len(employee_pay)+1):

(D) len(employee_pay)):

( ) 2. 承上題，請問第 2 個空格的程式碼片段應為何者？

(A) average = Sum/count

(B) average = Sum**count

(C) average = Sum*count

(D) average = Sum//count

題組 15：

( ) 1. 某公司有一個薪資計算程式，該程式可以計算出每月需付的薪水與平均薪資，平均薪資以浮點數計算，其程式碼如下：

```
import datetime
dailySpecials = ("Pasta", "Cheese", "Salad", "Beef")
weekendSpecials = ('Lobster', 'PrimeRib')
                    1
                    2
print("My Healthy Eats Delivery")
if(today == "Fri." or today == "Sat." or today == "Sun."):
    print("The weekend specials include:")
    for item in weekendSpecials:
        print(item)
else:
    print("The weekday specials include:")
    for item in dailySpecials:
        print(item)
                    3
print(f"Pricing specials change in {daysLeft} days")
```

請問第 1 個空格的程式碼片段應為何者？

(A) now = datetime()

(B) now = datetime.date()

(C) now = datetime.datetime.now()

(D) now = new date()

(　　) 2. 承上題，請問第 2 個空格的程式碼片段應為何者？

(A) today = now.strftime("%A")

(B) today = now.strftime("%B")

(C) today = now.strftime("%W")

(D) today = now.strftime("%Y")

(　　) 3. 承第 1 題，請問第 3 個空格的程式碼片段應為何者？

(A) daysLeft = now - now.weekday()

(B) daysLeft = today - today.weekday()

(C) daysLeft = 6 - now.weekday()

(D) daysLeft = 6 – datetime.datetime.weekday()

用 Python 學程式設計運算思維--第二版(涵蓋 ITS Python 國際認證模擬試題)

作　　者：李啟龍
企劃編輯：江佳慧
文字編輯：江雅鈴
設計裝幀：張寶莉
發 行 人：廖文良

發 行 所：碁峰資訊股份有限公司
地　　址：台北市南港區三重路 66 號 7 樓之 6
電　　話：(02)2788-2408
傳　　真：(02)8192-4433
網　　站：www.gotop.com.tw
書　　號：AEL024800
版　　次：2022 年 05 月二版
建議售價：NT$420

國家圖書館出版品預行編目資料

用 Python 學程式設計運算思維(涵蓋 ITS Python 國際認證模擬試題) / 李啟龍著.-- 二版.-- 臺北市：碁峰資訊, 2022.05
　面；　　公分
　ISBN 978-626-324-189-3(平裝)
　1.CST：Python(電腦程式語言)
312.32P97　　　　　　　　　　　　　　　111006830

讀者服務

● 感謝您購買碁峰圖書，如果您對本書的內容或表達上有不清楚的地方或其他建議，請至碁峰網站：「聯絡我們」\「圖書問題」留下您所購買之書籍及問題。(請註明購買書籍之書號及書名，以及問題頁數，以便能儘快為您處理)
http://www.gotop.com.tw

● 售後服務僅限書籍本身內容，若是軟、硬體問題，請您直接與軟、硬體廠商聯絡。

● 若於購買書籍後發現有破損、缺頁、裝訂錯誤之問題，請直接將書寄回更換，並註明您的姓名、連絡電話及地址，將有專人與您連絡補寄商品。